MY EUROPEAN VACATION

나의 유럽식 휴가

오빛나 지음

중앙books

CONTENTS

탐미주의 여행

자연주의 여행

낭만주의 여행

휴가를 위해 사는 사람들

유행을 좇거나 명품으로 치장하는 것도 아니고, 크고 비싼 자동차를 타는 것도 아니고. 날마다 점심 도시락에 특별한 날에도 홈파티가 전부인 유럽 사람들의 소박한 일상에 익숙해질 무렵, 문득 궁금해졌다. 도대체 이 사람들은 어디에 돈을 쓸까? 나이나 성별을 막론하고 돌아오는 답은 한결같았다. 바로 '휴가'였다. 새해 인사가 끝나기가 무섭게 가장 먼저 연간 일정표를 빼곡하게 메우는 것은 동료들의 여름휴가 일정이었고(봄이 되어야 여름 휴가를 계획하는 우리는 늘 꼴찌), 7~8월은 너무도 당연하게 업무량과 목표가 다른 달의 반절 정도로 설정되었다. 본격적인 휴가철이 시작되면 사장님부터 사무실에 노트북을 떡하니 남겨두고 훌훌 떠나버리니 당장 급한 일이 생겼다 한들 딱히 연락할 방법이 없고, 날 빼곤 그 누구도 연락할 생각을 않는다. 크리스마스 휴가가 끝나면 부활절 휴가를 기다리고 부활절이 지나면 여름휴가 생각에 눈을 반짝이는 사람들, 일 년 내내 열심히 일해서 꼬깃꼬깃 모은 돈을 기꺼이 휴가에 쏟아붓는 이들은 그야말로 '휴가를 위해 사는 사람들' 같았다.

많은 유러피안들이 유럽 안에서 휴가를 보낸다. 그도 그럴 것이, 아시아 대륙의 1/4밖에 안 되는 좁은 땅 위에 40개가 넘는 국가가 모여 있는 데다 유럽연합 가입국 국민이라면 그중 절반 이상의 국경을 자유롭게 넘나들 수 있기 때문이다. 집에서 자동차로 몇 시간만 달리면 다른 나라, 낯선 세상에 닿을 수 있으니 유럽 사람들 중 방랑벽을 지닌 이들이 유난히 많은 까닭을 충분히 설명할 수 있겠다. 유럽 안에서도 목적지는 다양하게 나뉘지만 이탈리아나 프랑스, 그리스, 스페인 같은 전통의 관광대국이 강세인 것은 비유럽권 여행자들과 크게 다르지 않다. 하지만 한 단계 더 들어가보면 조금 다른 것이 있으니, 유럽 사람들의 루트는 세계적으로 유명한 관광 도시들을 아슬아슬하게 비켜간다는 것이다. 높은 물가와 전 세계에서 몰려드는 인파를 피하려는 현실적인 이유도 있겠지만, 한껏

단장한 관광지의 말끔한 얼굴보다는 주변 소도시의 자연스러운 민낯과 특유의 여유로움을 선호하는 이유가 크다. 무엇보다 그들에게 휴가는 말 그대로 일상에서 벗어나 쉬는 행위 그 자체에 충실해야 하는 것이니까.

유럽 사람들의 여름휴가는 짧게는 2주, 길게는 한 달 이상이 되기도 한다(또, 여름휴가 외에도 부활절이나 크리스마스 연휴를 이용해 짧은 휴가를 떠나는 이들이 많다). 우리나라 여행자라면 흔치 않은 긴 휴가를 허투루 보내지 않으려고 빡빡한 일정표부터 만들기 바쁠 텐데, 유럽 사람들의 일정은 휴가만을 바라보며 살아가는 사람들 치고는 실망스러울 정도로 간결하다. 하루 종일 하고 싶은 일이 하나 혹은 둘, 그걸로도 모자라 중간중간 아무것도 하지 않는 휴가 속의 휴가까지 존재한다. 우리는 상상할 수 없는 느릿하고 게으른 나날이다. 유럽 사람들의 이 느린 여행은 낯선 동네 구석구석을 탐방하는 것으로 시작된다. 호텔보다는 아파트 형태의 숙소에 머물며 직접 장을 보고 요리하는 수고로움도 기꺼이 감수하는 그들의 휴가는 시간이 갈수록 여행지 속에 깊숙이 파고들어 새로운 일상을 경험해 가는 소소한 재미를 안긴다. 난생처음 방문한 장소가 오랫동안 속살을 부대껴 온 친구처럼 정겹고 편안하게 느껴질 때, 낯선 곳에서의 묘한 익숙함은 느린 여행이 주는 특별함이기도 하다.

여행지에서 커다란 카메라로 근사한 사진과 영상을 남기기 바쁜 우리와 달리, 유럽 사람들은 손바닥만 한 카메라나 휴대폰으로 무심하게 셔터를 몇 번 누르는 것이 전부다. 대신 그들은 유명 트레일에 도전하거나, 맥주 투어를 떠난다든가, 전통 요리를 배워 보는 등 다채로운 활동으로 점철된 휴가를 즐긴다. 우리가 '보는 여행'에 집중하는 동안, 유럽 사람들은 온 감각을 다해 보고 듣고 만지며 '하는 여행'에 집중하고 있는 셈이다. 다양한 경험은 휴가를 풍요롭게 하고, 때로는 나의 새로운 취향으로 확립된다. 이렇게 다져진 감각은 휴가 후 복귀한 일상에 새로운 즐거움을 선사한다.

베짱이처럼 양껏 먹고 마시고 취하거나, 외딴 섬에서 스마트폰을 끄고 자연인이 되어보거나, 몸치에 박치임에도 용감하게 댄스 강좌에 도전하는 것. 세상에 똑같은 사람이 없듯, 세상에는 다양한 색깔의 휴가법이 존재한다. 남에게 보여주기 위해, 혹은 다른 사람들에게 휩쓸려서가 아닌 나의 입맛에 맞는 장소에서 나만의 속도로 오롯이 나를 위해 보내는 시간들. 일상을 버티는 사람들에게 유러피안의 휴가법이 필요한 이유다.

PHOTO ESSAY

유럽 사람들의 휴가법 엿보기
EUROPEAN VACATION

언제든 입수할 준비 완료

숲과 바다와 오솔길과 자전거를 벗 삼기

STUDIO
DUBROVNIK
T-SHIRT
SHOP
RENT
A CAR
A BOAT
A SCOOTER
MLJET
ELAPITI
atelier

잘 익은 술과 기름진 음식이라면 어디든,

아무도 나를 찾지 않는 곳으로

Taste of

Andalucía

Spain

스페인 안달루시아, 이국적인 풍광에 몸을 던지다

이국적이라는 표현은 퍽 상대적인 말이다. 도시 사람에겐 아득하고 광활한 평원이, 섬마을에서 나고 자란 소년에겐 빌딩숲이 '이국적'으로 느껴질 테니까. "네가 사는 동네 참 예쁘다. 정말 이국적이야." 서울에서 날아온 친구는 모퉁이를 돌 때마다 카메라를 꺼내 들었다. "그래? 유럽이 다 그렇지, 뭐." 감흥 없는 표정으로 친구의 말을 흘려 넘기다가, 그간 내 일상의 풍경이 얼마나 '이국적'이었던가를 문득 되새겼다. 작지만 오롯한 도시의 광장, 그 곁엔 낡고 고풍스러운 건물들이 주위를 포근히 둘러쌌고, 성당 종소리가 청아하게 울려 퍼질 때면 가슴이 푸르게 물드는 듯했다. 과거의 어느 순간엔 분명 내게 낯설고 새로운 풍경으로 다가왔을 장면들. 이 모든 것이 눈에 익은 지금, 떠나야 하는 때란 이런 순간이라는 것을 새삼 깨달는다.

스페인의 남쪽 끝 안달루시아는 유럽 사람들에게도 '이국적인 풍광'으로 묘사되곤 한다. 일 년 내내 푸른 하늘과 찬란한 태양, 그림처럼 아름다운 해안선을 지니고 있어서만은 아니다. 가톨릭과 이슬람의 불안정한 경계에 있었던 독특한 문화와 역사가 거기 깃들어 있다. 신비로운 아랍 문양으로 장식한 궁전과 어깨를 맞댄 가톨릭 성당, 화려한 아치형 창문의 집들과 오렌지 가로수가 늘어선 거리, 그리고 어디선가 들려오는 서글픈 플라멩코 선율. 안달루시아의 것들은 그렇게 이방인의 마음을 훔치고 만다. 지금도 오렌지를 볼 때마다 나는 안달루시아의 파란 하늘과 햇살이 떠오른다. 늦은 밤까지 떠들썩한 거리, 물처럼 마시던 와인, 난생처음 맛본 하몽의 고릿한 향내, 양쪽 볼에 거침없이 키스를 퍼붓는 오페라처럼 사랑에 살고 죽을 것 같은 사람들…. 낯선 설렘이 간절한 날이면 안달루시아를 떠올리는 까닭이다.

LA CACHARRERIA
LA CACHARRERIA

안달루시아 Andalucía

스페인 남쪽 지역으로 8개 주(州)로 나뉜다. 북쪽으로 시에라모레나 산맥이, 남쪽은 지중해와 대서양에 면해 있으며 서쪽은 포르투갈과 접한다. 페니키아와 카르타고, 로마 통치 시대를 거쳐 8세기부터 800년간 이슬람의 지배를 받으면서 건축을 비롯한 문화적인 면에 독특한 이슬람 문화를 꽃피웠다.

ROUTE

세비야(3박 4일) ▶ **론다**(1박 2일) ▶ **코르도바**(1박 2일) ▶ **그라나다**(2박 3일) ▶ **말라가**(2박 3일)

TRANSPORTATION

인천공항에서 스페인 마드리드(대한항공)와 바르셀로나(대한항공, 아시아나항공)로 직항편을 운항한다. 마드리드나 바르셀로나에서 안달루시아 지역으로 이동할 때는 항공이나 기차(렌페 Renfe)를 이용하는 것이 편리하다. 한국에서 유럽의 주요 도시를 경유해 세비야나 말라가 등으로 바로 이동하는 것도 좋은 방법. 각 도시별 이동에는 버스나 렌터카를 주로 이용한다.

FLIGHT **부엘링** www.vueling.com

RENT A CAR **골드카** www.goldcar.com

TRAIN **렌페** www.renfe.com

Seville

세비야

세비야는 15세기 콜럼버스 대 항해와 16세기 마젤란의 세계일주가 시작된 모험의 도시이자 《카르멘》, 《피가로의 결혼》, 《돈 조반니》, 《세비야의 이발사》 같은 세계적인 오페라와 벨라스케스, 무리요 등의 세계적인 화가를 탄생시킨 예술의 도시다. 신대륙 발견과 신대륙 무역의 중심지로 스페인의 황금기를 이끌었던 과거의 영광은 역사 속으로 사라져 버렸지만, 우리가 '스페인' 하면 떠올리는 모든 것들이 지금도 세비야에 살아 있다. 상큼한 향을 내뿜는 오렌지 가로수 사이로 플라멩코 선율을 타고 흔들리는 무희의 치맛단, 붉은 망토를 펼쳐든 투우사의 우아한 몸놀림이 아른거리는 이 도시의 낭만이란.

Ronda

론다

엘 타호 협곡의 남쪽, 해발고도 780m에 위치한 절벽도시 론다는 험준한 자연과 인간의 솜씨가 어우러진 매력적인 도시다. 깎아지른 듯한 절벽 사이를 연결하는 누에보 다리 위에 서면 아찔한 낭떠러지에 가슴을 졸였다가도 저 멀리 계곡 아래로 보이는 소박한 스페인의 시골마을에 금세 마음이 평화로워진다. 물안개 낀 아침의 몽환적인 일출, 까마득한 협곡 깊이까지 햇살이 깃드는 오후, 노을이 내려앉은 저녁과 절벽에 자리한 집집마다 노란 등을 밝히는 밤을 보내고 나면 '사랑하는 사람과 로맨틱한 시간을 보내기 좋은 곳'이란 소설가 헤밍웨이의 평가에 절로 고개가 끄덕여진다.

FOR WHOM?

뜨거운 볕과 바다를 사랑하는 여름 애호가,
독특한 미감과 문화를 사랑하는 탐미주의자

Córdoba

코르도바

코르도바에 가야 하는 단 하나의 이유를 꼽으라면 메스키타를 보기 위해서다. 높은 첨탑과 아랍 문양으로 장식된 외벽부터 화려한 천장과 아치, 섬세한 세공의 기둥들이 끝없이 이어지는 실내까지 모든 것이 눈을 뗄 수 없이 아름답지만 무엇보다 메스키타가 특별한 이유는 사원 중심에 세워진 가톨릭 예배당이다. 13세기 이슬람 왕조의 몰락 후 서서히 쇠퇴한 도시임에도 불구하고 코르도바가 '안달루시아의 관문'으로 많은 이들의 발길이 끊이지 않는 이유는 종교 간의 대립과 충돌, 공존을 상징하는 도시이기 때문이다. 서로의 문화와 존재를 존중하는 자세는 현대를 살아가는 우리에게도 꼭 필요한 것이니까.

Granada

그라나다

시에라 네바다 기슭에 자리한 그라나다는 스페인을 침입한 이슬람 세력의 마지막 왕조인 나스르의 요새였던 도시다. 무어인들의 무역장이었던 아랍 거리, 이슬람 양식의 집들이 늘어선 알바이신 지구, 향신료 판매점과 아랍식 찻집 테테리아 Teterias 같은 이슬람의 정취가 오늘날까지 도시 곳곳에 묻어 있는데, 하이라이트는 역시 알함브라 궁전이다. 알함브라는 수 세기에 걸쳐 증축된 요새와 별궁을 포함한 거대한 성채다. 알함브라의 궁극의 우아함과 섬세함을 보여주는 장식들과 물이 마르지 않는 정원은 단순한 아름다움을 넘어 당시의 권력과 문화의 중심이 그라나다였음을 말해준다.

Málaga

말라가

말라가를 매력적인 항구도시 혹은 지중해의 휴양지 정도로 통칭하기엔 마음 한 구석이 허전한 기분이다. 고대 페니키아부터 로마와 이슬람까지, 수 천 년의 시간 동안 다층적인 문화가 도시 곳곳에 스며들어 있기 때문이다. 그리고 지금, 20세기 최고의 화가 피카소를 배출한 이 도시는 화려하게 변신을 꿈꾼다. 소호 거리의 젊은 아티스트들은 21세기의 피카소를 꿈꾸고, 퐁피두 센터와 독창적인 부티크 호텔, 세련된 레스토랑은 오래된 항구 지역을 신선하게 환기시켰다. '태양의 해변 Costa del Sol'이란 명성답게 연중 내내 찬란한 태양을 마주할 수 있는, 역동적이고 활력 넘치는 도시 말라가는 21세기에도 여전히 진화하고 있다.

SEVILLE
세비야

산타크루스 지구의 미로같은 골목을 빠져나가자 세비야의 상징 히랄다 탑이 모습을 드러낸다. 탑의 주인인 대성당의 거대한 규모와 화려한 내부는 전 세계의 진귀한 물건들이 세비야로 쏟아져 들어왔던 15~17세기 세비야의 전성기를 상상케 한다. 대성당에 잠들어 있는 콜럼버스가 스페인 왕가의 후원을 받기 위해 이사벨 여왕을 알현했던 왕궁 알카사르를 지나, 과달키비르 강변으로 접어든다. 수많은 모험가들이 닻을 올렸던 황금의 탑과 투우장을 지나 강을 건너면 트리아나 지구에 닿는다. 트리아나의 특산물 세라믹 공장과 재래시장, 강변을 따라 늘어선 맛집들을 탐험하노라면 세비야의 생생한 '지금'을 만날 수 있다. 인생 사진을 위한 스폿은 단연 스페인 광장과 메트로폴 파라솔. 세비야의 전통적인 모습과 현대적인 광경, 두 마리 토끼를 하나의 프레임으로 포획할 수 있다.

세비야 대성당과 히랄다
Catedral & Giralda

ADD Av. de la Constitución
WEB www.catedraldeSeville.es

1401년부터 1507년까지 1세기에 걸쳐 쌓아 올린, 세계에서 세 번째로 큰 성당이다. 본래 고딕양식으로 지어졌으나 1511년 중앙부 돔이 붕괴된 후 르네상스 스타일의 리모델링을 통해 지금의 모습으로 거듭났다. 내부는 신대륙 발견으로 축적된 세비야의 힘과 부를 과시하기 위해 최대한 휘황하게 꾸몄다. 황금제단과 은의 제단, 고야와 무리요 같은 유명 화가들의 작품이 가득한 성배실 등 볼거리가 가득하다. 가장 많은 관람객이 모여 있는 곳은 콜럼버스의 묘. 그의 묘는 콜럼버스의 항해 당시 스페인에 있던 4대 왕국(카스티야, 레온, 아라곤, 나바라)의 지도자들에 의해 추켜세워진 모양새다. 이는 서인도제도 총독 자리에서 쫓겨나고 감옥에 갇히는 등 비극적인 말년을 맞은 콜럼버스가 '죽어서도 스페인 땅을 밟지 않으리라'고 한 유언을 지켜주기 위해서라고. 북동쪽에 있는 히랄다 탑은 대성당이 건설되기 전 이슬람 사원이 있었던 흔적이다. 여행자들 사이에선 도시의 전경을 굽어볼 수 있는 전망대로 인기가 높다.

알카사르
Royal Alcázar of Seville

ADD Patio de Banderas
WEB www.alcazarSeville.org

10세기 이슬람 왕국의 요새로 세워져 이후 여러 세대에 걸쳐 확장과 재건축을 반복하며 왕과 칼리프의 거처로 사용되었다. 현존하는 건물들의 대부분이 13세기 이후 가톨릭 군주들에 의해 지어졌음에도 불구하고 아랍풍이 강하게 느껴지는데, 이는 가톨릭 왕국의 지배하에 있었던 무어인 장인들의 솜씨라고. 궁의 일부는 지금도 현 스페인 왕실의 공식 사저로 사용되고 있다.

바리오 데 산타 크루스
Barrio de Santa Cruz

위치 대성당 동남쪽 지역, 중심부에 Plaza de Santa Cruz가 있다.

대성당과 알카사르 동쪽에 있는 지역으로, 페르난도 3세가 세비야를 정복한 후 세비야에 살고 있던 유대인들을 한데 모여 살게 한 곳이다. 고풍스러운 건물들이 늘어서 있는 좁은 골목에는 레스토랑과 상점, 플라멩코 공연장 등이 몰려있다.

스페인 광장
Plaza de España

ADD Av de Isabel la Católica

1929년 이베로 아메리칸 Ibero_American 박람회장으로 조성된 공원이다. 신 르네상스 양식과 신 무데하르 양식이 혼합된 반원형 건물은 이국적인 아름다움으로 유명해 영화나 광고의 무대가 되기도 했다. 스페인 58개 도시의 휘장과 지도, 역사적 사건을 표현한 타일 장식 벤치는 소문난 사진 명소다.

마에스트란사 투우장
Plaza de Toros de la Real Maestranza

ADD Paseo de Cristóbal Colón
WEB www.realmaestranza.com

1758년에 세워진, 스페인에서 가장 오래된 투우장. 바로크 양식의 우아한 건물이 인상적이다. 론다와 함께 현대식 투우 경기가 진행된 곳으로 유명하다. 4월부터 10월까지 경기가 진행된다.

메트로폴 파라솔
Metropol Parasol

ADD Pl. de la Encarnación
WEB www.setasdeSeville.com

2011년 완공된 세계 최대 목조 건물로 독일의 건축가 위르겐 메이어 Jürgen Mayer에 의해 만들어졌다. 세비야의 새로운 랜드마크 중 하나로 파라솔 위는 전망대, 아래는 다양한 행사를 여는 광장으로 쓰인다. 지하에는 공사 중 발견된 유물을 전시한 고고학 박물관이 있다. 버섯 모양을 하고 있어 '머시룸'이라고도 불린다.

트리아나 지구
Triana

위치 마에스트란사 투우장에서 이사벨 2세 다리 Puente de Isabel II (혹은 트리아나 다리)를 따라 과달키비르 강을 건넌다.

과달키비르 강 건너 펼쳐진 동네로, 현대적이고 모던한 맛집과 저렴한 물가로 사랑받는 지역이다. 현지인들의 생활을 엿볼 수 있는 재래시장 Mercado de Triana과 예로부터 명성이 높았다는 트리아나 세라믹 거리 Centro Ceramica Triana 주변을 거닐어 보자.

산타 아나 Cerámica Santa Ana

거대한 타일 액자부터 시계, 그릇, 문패 등 다양한 크기와 용도의 세라믹 제품을 판매하는 곳으로 선명한 색상의 제품들이 유독 예쁘다. 맞춤 제작과 전 세계 배송이 가능하다.

ADD Calle Callao 14
WEB www.ceramicatriana.com

곤살레스 Cerámica Artística Sevillena A González

세라믹 아티스트 곤살레스의 공방. 소품보다는 타일이나 자기가 주를 이룬다. 일반인을 대상으로 워크숍을 진행한다.

ADD Calle San Jorge 17
WEB www.ceramica-agonzalez.com

FOOD & DRINK

타파스
Tapas

타파스란 스페인어 'Tapar (덮다, 가리다)'라는 동사에서 유래한 이름으로 음료와 곁들여 간단히 먹는 소량의 음식을 통칭한다. 과거 술잔에 이물질이 들어가는 것을 방지하기 위해 음식을 담은 접시를 뚜껑처럼 덮었던 것에서 시작되었다고. 얇게 썬 햄부터 치즈, 수프, 튀김 등 무엇이든 타파스가 될 수 있는데, 손바닥만 한 접시에 소량으로 제공되므로 혼자서도 다양한 음식을 즐길 수 있는 장점이 있다.

에스라바 Eslava

다른 곳에서는 맛볼 수 없는 창의적인 타파스로 세비야를 평정한 타파스 바. 육해공을 넘나드는 다양한 식재료의 조합으로 완성된 신기한 맛과 훌륭한 프레젠테이션, 저렴한 가격으로 늘 빈자리를 찾기 어려울 정도다. 같은 건물에 포멀한 분위기의 레스토랑과 여행자를 위한 아파트를 함께 운영 중이다.

ADD Calle Eslava 3 **TEL** (+34) 954 906 568 **WEB** www.espacioeslava.com

플라멩코 관람
Flamenco

플라멩코는 노래와 기타 연주, 손뼉과 구두 뒷굽 소리 등 일상에서 낼 수 있는 소리들을 음악적으로 승화시킨 스페인의 종합예술이다. 15세기 이베리아 반도(스페인·포르투갈 일대)에 정착한 집시들과 가톨릭에 의해 강제 개종 혹은 추방당한 이슬람교도들이 삶의 애환을 음악과 춤으로 표현한 것이 플라멩코의 기원. 빠르지만 결코 가볍지 않은 리듬 속에 흐르는 특유의 심오하고 비장한 분위기는 어디서도 환영 받지 못하는 이들의 한의 정서를 표현하고 있다. 특히 세비야의 플라멩코는 플라멩코를 구성하는 네 가지(노래, 기타 연주, 춤, 박수)에 강렬하고 절도 있는 춤사위, 화려한 의상이 어우러진 완벽한 무대를 선보인다. 역동적인 오페라 한 편을 감상하는 느낌이랄까. 세비야 도심에서는 일반인을 대상으로 한 플라멩코 강습과 의상 판매점도 쉽게 찾을 수 있다.

라 카사 델 플라멩코 La Casa del Flamenco

15세기 주택을 개조한 공연장으로 규모는 작지만 무대와 함께 호흡하며 관람하기 좋다. 남녀 무용수를 포함한 4명이 공연을 이어가는데, 노래와 연주는 물론 표정과 스텝, 관객들의 박수까지 부족함 없이 꽉찬 느낌이다. 공연 중 촬영이 금지(앙코르에서 가능)되어 있어 관객의 집중도를 높여주는 것도 장점이다.

ADD Calle Ximénez de Enciso 28
WEB www.lacasadelflamencoSeville.com

타파스, 알면 알수록 맛있다

지역마다 가게마다 독자적인 타파스 메뉴가 있지만, 전통적인 타파스 메뉴 중 반드시 맛봐야 할 것은 아래와 같다.

하몽 Jamón
돼지고기 뒷다리를 통째로 잘라 소금에 절여 그늘에서 건조, 숙성시켜 만드는 생햄. 크게 백돼지로 만드는 하몽 세라노 Jamon Serrano와 흑돼지로 만드는 하몽 이베리코 Jamon Iberico로 나뉘는데, 산악지대에서 방목해 키운 이베리코가 더 높은 등급이다. 하몽 이베리코는 다시 돼지에게 먹이는 사료에 따라 데세보 Decebo, 레세보 Recebo, 베요타 Bellota로 나뉘는데 도토리만 먹인 베요타를 최고로 친다.

토르티야 Tortillas
얇게 썬 감자를 층층이 쌓아올린 뒤 계란과 함께 익힌 스페인식 오믈렛. 아침식사나 간식으로 인기가 높다.

감바스 알 아히요 Gambas al Ajillo
올리브오일에 신선한 새우와 마늘, 페퍼론치니를 넣어 조리한 요리로 빵과 함께 하면 금상첨화다.

폴보 아 페이라 Polbo a feira
끓는 물에 데친 문어에 파프리카가루와 소금, 올리브오일을 뿌린 음식. 보통 구운 감자를 곁들여 먹는다.

폴보 아 페이라

하몽

피미엔토스 데 파드론

파타타스 브라바스

피미엔토스 데 파드론
Pimientos de Padrón

스페인 북부 요리로 엄지손가락만 한 작은 고추를 기름에 튀겨 소금을 살짝 뿌려 낸 요리.

엔살라다 루사 Ensalada Rusa
당근, 감자, 콩 등의 채소에 참치와 마요네즈를 넣은 샐러드로 러시아에서 건너왔다고 하여 '러시안 샐러드'라 부른다(하지만 진짜 러시아 요리인지는 아무도 모른다).

베렌헤나스 콘 미엘
Berenjenas con Miel

가지를 올리브오일에 살짝 튀겨 로즈마리와 꿀을 곁들인 요리.

파타타스 브라바스 Patatas Bravas
올리브 오일에 감자를 구워 소스(주로 매콤한 맛)를 얹어먹는 요리. 이 요리가 평범하면서 비범한 이유는 가게마다 다른 스타일의 특제소스가 더해지기 때문이다.

치피로네스 프리토스
Chipirones Fritos

꼴뚜기를 통째로 튀겨낸 요리로 바삭하고 쫄깃한 식감이 중독성있다.

아세이투나스 Aceitunas
스페인 사람들에겐 김치 같은 존재인 올리브. 단순한 절인 올리브 뿐 아니라 앤초비나 파프리카를 넣거나 치즈를 곁들인 다양한 형태로 제공된다.

RONDA 론다

누에보 다리를 바라보며 마시는 모닝커피로 하루를 시작한다. 헤밍웨이가 즐겨 걸었다는 '헤밍웨이 산책로'를 따라 론다 전망대에 닿으면 발아래로 아찔한 협곡과 구불구불한 시골길, 끝없이 펼쳐진 올리브 농장이 한 눈에 내려다보인다. 투우사의 개조로메오의 숨결이 남아있는 투우장을 지나 누에보 다리를 건너 구시가지 안으로 발길을 돌린다. 작은 돌이 촘촘히 박힌 좁은 골목길, 아치형 문과 정원을 가진 이슬람 스타일 저택과 사원, 아랍식 목욕탕까지 이슬람 왕조의 역사가 고스란히 남아있다. 신발끈을 단단히 맸다면, 이제 누에보 다리 뷰포인트까지 걷는다. 중세시대 건물들과 평화로운 시골마을을 지나면 절벽 사이를 연결한 누에보 다리가 드라마틱한 자태로 나타난다.

누에보 다리
Puente Nuevo

위치 엘 타호 El Tajo 협곡 위, Plaza España에서 시작된다.

론다의 구시가지와 신시가지를 연결하는 세 개의 다리 중 하나로 1793년에 완공되었다. 스페인어로 '새로운 다리'란 뜻으로, 세 다리 중 가장 나중에 만들어졌다는 의미를 지닌다. 120m 깊이의 엘 타호 협곡을 가로지르는 아치형 다리는 협곡의 돌을 가져다 축조한 까닭에 그 일부처럼 보인다. 교각 중앙에는 이 다리의 역사와 건축에 대한 전시실이 자리하는데, 이곳은 과거 감옥으로 쓰였다고 전한다. 어니스트 헤밍웨이의《누구를 위하여 종을 울리나》의 소재가 되기도 했다.

론다 전망대
Mirador de Ronda

위치 파라도르 옆으로 난 '헤밍웨이 산책로 Paseo de E.Hemingway'의 끝, Haruta Square 공원 안에 있다.

절벽 끝에 자리한 전망대. 깎아지른 협곡과 그 주위로 시원하게 펼쳐진 평원의 풍광을 감상할 수 있는 곳이다. 아침, 저녁으로 거리 악사들의 공연이 끊이지 않는 훌륭한 공연장이기도 하다. 파라도르 옆으로 난 '헤밍웨이 산책로 Paseo de E.Hemingway' 끝에 자리하고 있다.

론다 투우장
Plaza de Toros de Ronda

ADD Calle Virgen de la Paz, 15
WEB www.rmcr.org

1785년에 개장한 유서 깊은 투우장이다. 18~19세기의 전설적인 투우사 프란시스코 로메로와 그의 후손들이 근대 투우의 기본을 확립한 곳으로 매년 9월 투우 축제 기간에 투우 경기가 열린다. 투우사의 의상과 소품, 사진, 기념물이 전시되어 있다.

누에보 다리 뷰포인트
Mirador Puente Nuevo de Ronda

위치 구시가지 광장 Plaza de María Auxiliadora에서 절벽 쪽으로 난 길을 따라 도보로 이동한다.

론다 시내나 다리 위에서 바라보는 누에보 다리는 충분히 아름답지만 절벽 아래쪽에서 다리를 올려다보면 깎아지를 듯한 절벽 사이를 연결하는 높이 98m의 장대하고 웅장한 다리의 모습을 마주할 수 있다. 인기 있는 두 개의 뷰포인트 중 구시가에서 더 멀리(보다 아래쪽에) 위치한 포인트(Mirador La Hoya del Tajo)는 도보로 30분 정도 소요되는데, 다리와 협곡 아래쪽 마을 풍경까지 함께 감상할 수 있어 산책 코스로 인기가 높다.

근대 투우의 발상지 론다

투우는 스페인의 전통 투기오락이다. 맨 몸으로 붉은 천(물레타)을 우아하게 휘두르는 형태의 경기 방식을 처음으로 도입한 투우사가 바로 론다 출신의 프란치스코 로메로 Francisco Romero다. 로메로 이전의 투우사들은 모두 말을 타고 경기에 임했다고 전한다. 투우의 대중화에 기여한 프란치스코는 그의 아들과 손자 역시 투우사로 명성이 높았는데, 그 중 손자 페드로 로메로는 황소 5,000마리와 대결한 '전설의 투우사'로 불린다. '전통'과 '동물 학대'의 주장이 맞서는 오늘날에는 경기 횟수가 현저히 줄어드는 추세지만, 이 도시의 속살을 이만큼 잘 드러내는 퍼포먼스도 없다.

라보 데 토로
Rabo de Toro

스페인어로 '황소의 꼬리'란 뜻으로 튀기듯 구워낸 소꼬리에 레드와인과 채소를 넣어 뭉근하게 졸인 안달루시아 지역 전통요리다. 부드러운 육질과 담백한 맛으로 인기가 높다. 투우 경기 후 죽인 수소의 꼬리를 이용해 요리하던 것이 기원으로 투우로 유명한 도시에서 쉽게 맛볼 수 있다(오늘날에는 일반 소의 꼬리를 재료로 사용한다).

푸에르타 그란데 Puerta Grande

한국 여행자들 사이에서 입소문 난 맛집으로 한국어 메뉴판까지 갖췄다. 부드러운 라보 데 토로와 하몽 크로켓, 가지튀김 등이 인기 메뉴.

ADD Calle Nueva, 10
WEB www.restaurantepuertagrande.com

페드로 로메오 Pedro Romeo

투우장 건너편에 위치한 레스토랑으로 내부는 투우장 포스터로 꾸며져 있다. 라보 데 토로를 비롯한 스페인 전통요리를 주로 내며 홈메이드 디저트(특히 치즈케이크)도 맛있다.

ADD Calle Virgen de la Paz, 18
WEB www.rpedroromero.com

중세 고성에서 하룻밤, 스페인의 파라도르

파라도르 Parador란 중세시대 고성, 수도원, 요새, 궁전 등의 역사적인 건물을 매입해 개조·복구한 고급 호텔(4~5성급)로 스페인에서 볼 수 있는 독특한 숙박 형태다. 옛 모습 그대로를 간직한 외관과 내부 시설은 물론, 도시 전체를 관찰할 수 있는 곳에 위치하고 있어 훌륭한 전망을 자랑하는 것이 특징이다. 스페인 전역에 90개 이상의 파라도르가 운영되고 있으니, 비슷비슷한 호텔을 벗어나고 싶다면 예약을 서둘러야 한다.

WEB www.parador.es

안달루시아의 파라도르 Best 3

1. 론다 파라도르

시청사였던 건물로 누에보 다리 바로 앞에 위치하고 있다. 모든 객실에서 다리가 보이지는 않지만 카페와 레스토랑, 야외 수영장에서 '질리도록' 다리를 볼 수 있다. 헤밍웨이 산책로를 끼고 있어 여행자들의 발길이 끊이지 않는다.

2. 그라나다 파라도르

알함브라 궁전 성곽 안에 있는 성 프란시스코 수도원을 개조해 만들어졌다. 궁전의 주요 건물들을 바라보는 전망이 빼어나고, 관광객이 모두 빠져나간 조용한 알함브라를 거닐 수 있다는 점 때문에 다른 파라도르보다 2배 이상 가격이 높다. 헤네랄리페 궁전이 보이는 테라스 카페 겸 레스토랑은 투숙객 외에도 이용 가능하다.

3. 말라가 파라도르 히브랄파로

히브랄파로 성 바로 앞에 위치해 투우장과 말라가 해변을 한눈에 내려다볼 수 있다(말라가에는 2개의 파라도르가 있으니 주의할 것). 시내와 떨어져 있지만 루프톱 수영장에서 조용한 시간을 보내기 좋다.

CÓRDOBA
코르도바

이슬람 문양으로 꾸민 문, 네모 반듯한 안뜰과 우뚝한 오렌지 나무를 지나 메스키타의 심부로 들어간다. 말발굽 형태로 이중 아치를 지탱하는 기둥들은 숲을 이루듯 웅장하고, 코란 글귀로 화려하게 장식된 기도실은 단숨에 이방인을 압도한다. 그런데 잠깐, 눈을 의심하게 만드는 광경을 맞닥뜨린다. 이 신비로운 이슬람 성소의 한가운데에 다름 아닌 가톨릭 예배당이 자리하는 것이다. 전 세계에 이런 건물이 또 있을까? 한 지붕 아래 동거하는 이슬람과 가톨릭이라니! 기묘한 공기를 빠져나오면 집집마다 작은 꽃 화분을 내건 소박한 마을 어귀에 접어든다. 10~15세기 유대인들의 주거지로 미로처럼 얽힌 좁은 골목 안에는 작은 광장과 정원, 레스토랑 등이 옹기종기 모여 있다. 이제 로마교를 건너 칼라오라의 탑에 오를 차례. 과달키비르 강과 코르도바 구시가지의 풍광이 선물처럼 펼쳐진다.

메스키타
Mezquita

ADD Calle Cardenal Herrero
WEB www.mezquita-catedraldecordoba.es

785년 압달라만 1세가 세운 이슬람 사원으로 10세기까지 확장과 증축을 계속해 현재는 세계에서 세 번째로 큰 규모의 모스크가 되었다. 높은 첨탑과 오렌지 나무가 심어진 안뜰을 지나 내부로 들어서면 메카를 향한 기도실과 수백 개의 아치를 지탱하는 856개의 기둥이 사람들을 맞이한다. 사원 중앙에 자리한 르네상스 양식의 대성당은 16세기 코르도바를 함락한 카를로스 1세에 의해 만들어졌다. 가톨릭에서는 산타마리아 성당으로 부른다.

유대인 지구
Juderia

위치 메스키타 북쪽 지역. 아름다운 꽃 장식과 메스키타 첨탑을 함께 볼 수 있어 인기인 골목은 Calleja de las Flores다.

메스키타 북쪽으로 15세기 가톨릭의 추방령 이전까지 유대인들이 거주하던 지역이다. 좁은 골목 사이로 유대교 회당 시나고가 Sinagoga와 유대인 박물관 등이 자리하고 있다. 온통 흰색인 집집마다 아기자기한 꽃 장식을 내걸고 있어 기념사진을 찍으려는 이들의 발길이 끊이지 않는다.

로마교와 칼라오라의 탑
Puente Romano & Torre de la Calahorra

위치 메스키타 남쪽 개선문 Arco del Triunfo부터 시작되는 로마교는 구시가지와 과달키비르 강 건너편 지역을 연결한다. 건너편 끝에 칼라오라의 탑이 있다.
WEB www.torrecalahorra.es

과달키비르 강 위에 세워진 다리로 기원전 1세기 로마인에 의해 처음으로 건설됐으며, 8세기 무어인에 의해 현 구조를 갖추었다. 다리 끝에 있는 칼라오라의 탑은 12세기 때 다리와 도시를 방어하기 위해 세워졌는데 오늘날에는 박물관으로 운영되고 있다. 탑의 정상은 코르도바의 구시가지 전경을 감상하는 뷰포인트로 인기가 높다.

포트로 광장
Plaza del Potro

위치 메스키타 동쪽 Calle Lucano와 Calle Lineros 사이

메스키타 북동쪽에 있는 광장으로 16~17세기 코르도바를 오가던 무역상을 위해 지어진 숙소들이 모여 있는 곳이다. 《돈 키호테》의 작가 세르반테스가 머물렀던 여관 포사다 델 포트로 Posada del Potro는 현재 플라멩코 박물관으로 운영 중이다.

가스파초와 살모레호
Gazpacho & Salmorejo

스페인 남부, 안달루시아에는 무더운 여름을 이기기 위해 만들어진 차가운 토마토 수프 가스파초 Gazpacho가 있다. 토마토와 마늘, 올리브오일이 주재료로 신선하고 건강한 맛을 내는 것이 특징이다. 가스파초에 바게트를 넣은 코르도바식 가스파초 살모레호는 얇게 썬 하몽과 달걀 등으로 보다 다양한 맛을 내며 포만감이 높아 애피타이저나 아침식사 대용으로도 즐겨 먹는다.

타베르나 살리나스 Taberna Salinas

코르도바 전통 스타일로 꾸며진 곳으로 아기자기한 파티오가 인상적이다. 안달루시아 대표 메뉴인 살모레호와 라보 데 토로가 인기 메뉴.

ADD Calle Tundidores, 3
WEB www.tabernasalinas.com

라 살모레테카 La Salmoreteca

푸드코트인 빅토리아 마켓 Mercado Victoria에 있는 작은 가게로 전통의 살모레호부터 버섯이나 비트 살모레호 같은 퓨전 메뉴를 선보인다. 마켓과 함께 돌아보기 좋다.

위치 빅토리아 마켓(Paseo de la Victoria, 3) 안에 위치
WEB www.lasalmoreteca.com

GRANADA 그라나다

크고 작은 중정이 건물 사이사이를 잇고, 대리석 바닥을 흐르는 물이 구석구석에 생명을 불어넣는다. 화려하고 정교한 문양과 색색의 타일로 장식된 알함브라의 아름다움은 관람이 끝난 후에도 긴 여운을 남긴다. 이슬람을 몰아내고 스페인을 세운 이사벨 여왕의 묘와 아랍 거리를 돌아보다, 알바이신 지구로 발길을 돌린다. GPS가 제 역할을 못할 정도로 꼬불꼬불하게 이어진 알바이신의 골목은 알함브라의 아름다움을 잊지 못한 사람들로 북적거린다. 석양이 내려 앉을 무렵, 붉게 물든 알함브라와 이를 품은 숲을 바라본다. 그 뒤로 웅장하게 펼쳐진 시에라네바다 산맥을 마주하는 동안, 알함브라가 파괴될까 눈물을 흘리며 투항했다는 이슬람 왕조의 마지막 왕 보압딜의 마음을 조금은 헤아릴 수 있을 것 같다.

알함브라 궁전
Alhambra

위치 매표소는 궁전단지 동남쪽에 위치, 입구에서 나스르 궁까지는 도보 20~30분 소요된다.
WEB www.alhambra-patronato.es

유럽에 현존하는 이슬람 건축물 중 최고의 걸작으로 꼽히는 알함브라는 9세기 그라나다가 한눈에 내려다보이는 구릉 위에 세워졌다. 초기에는 군사적인 목적뿐이었으나 왕실 건물들이 추가되면서 왕궁으로 변경되었다. 알함브라가 오늘날의 규모와 형태를 갖춘 것은 14세기다. 성채 안에는 여러 개의 건물과 크고 작은 정원들이 자리하고 있는데, 초창기 군의 요새로 사용되었던 알카사바, 이슬람의 꽃으로 통하는 왕의 공간 나스르 궁, 여름 별궁 헤네랄리페, 가톨릭 점령 후에 세워진 카를로스 5세 궁이 대표적이다. 알함브라의 하이라이트로 꼽히는 나스르 궁은 입장시간과 인원이 정해져 있으므로 예약을 서둘러야 한다.

알바이신
Albaicín

위치 그라나다 센트럴 기준 동쪽 언덕 지역이다. 대성당에서 성 니콜라스 성당 San Nícolas Church까지 도보 20분 거리다.

자갈이 깔린 골목에 새하얀 집들이 옹기종기 모여 있는 알바이신 지구는 알함브라 궁전의 북쪽, 다로 Darro 계곡 너머에 자리하고 있다. 15세기 가톨릭의 정복으로 추방당한 이슬람교도들이 거주하던 지역으로 안달루시아 전통 건축 양식과 이슬람의 색채가 혼재되어 있다. 성 니콜라스 성당 앞 광장은 알함브라와 시에라네바다 산의 절경을 감상할 수 있는 근사한 전망대다.

사크로몬테
Sacromonte

위치 알바이신의 동쪽 지역으로 도보나 버스로 이동할 수 있다.

알바이신 동쪽에 자리한 언덕으로 집시들의 거주지역이다. 집시들은 언덕의 경사면에 구멍을 파고 동굴을 만들어 생활하는데, '동굴 박물관 Museo Cuevas del Sacromonte'에서 그들의 생활을 간접적으로 체험할 수 있다. 산 미겔 알토 교회, 사크로몬테 수도원 등 그라나다 시내를 조망할 수 있는 전망대가 여럿 있는데, 인적이 드물어 치안에 유의해야 한다.

대성당과 왕실예배당
Catedral & Capilla Real

ADD Calle Gran Vía de Colón
WEB www.catedraldegranada.com

1523년부터 2세기에 걸쳐 건립된 대성당은 고딕-르네상스 양식이 공존하는 독특한 건물이다. 부속 건물인 왕실 예배당에는 그라나다에서 이슬람 왕조를 몰아내고 스페인을 탄생시킨 이사벨 여왕과 페르난도 왕의 무덤이 있다(이사벨 여왕은 콜럼버스의 항해를 지원해 신대륙을 차지한 인물이다).

알카이세리아
Alcaicería

위치 대성당 앞 Plaza de Alonso Cano에서 Calle Zacatín 사이를 연결하는 길이다.
WEB www.alcaiceria.com

좁은 골목 사이에 아랍스타일 물건을 파는 상점들이 몰려있는 재래시장으로 과거 이슬람교도들의 실크 교역 장소였다. 건너편에 있는 깔데레리아 누에바 거리 Calle Caldereria Nueva에는 아랍 기념품 숍과 전통 찻집 테테리아 Teteria들이 자리하고 있다.

테테리아 카스바
Teteria Kasbah

다양한 차와 아랍식 디저트를 판매하는 카페 겸 레스토랑으로 시샤(물담배)도 즐길 수 있다. 합리적인 가격대가 장점. 단, 스페인 음식을 주문하는 실수는 범하지 말 것.

ADD Calle Caldereria Nueva, 4

나바스 거리에서 타파스 호핑
Tapas Hopping in Calle Navas

그라나다에는 음료 하나를 주문할 때마다 랜덤 타파스를 무료로 제공하는 바와 레스토랑이 대부분이다. 바를 옮겨다니면서 다양한 타파스를 맛보는 '타파스 호핑 Tapas Hopping'을 할 수 있는 최적의 장소라는 뜻. 특히 대성당 남쪽 나바스 거리 Calle Navas는 '타파스 거리'로 불릴 정도로 많은 타파스 바가 몰려 있다.

엔트레브라사스 그라나다 EntreBrasas Granada

그저 구웠을 뿐인 고기(소고기/돼지고기)가 이토록 맛깔스럽다니! 육식주의자라면 반드시 방문해야 할 곳.

ADD Calle Navas 27

디아만테스 Los Diamantes

해산물 위주의 타파스 바. 좁은 공간이 사람들로 가득 차 복작복작한 분위기에 술이 술술 넘어간다.

ADD Calle Navas 28

라 타나 La Tana

와인에 특화된 타파스 바. 다양한 맛과 향의 와인 그리고 여기 어울리는 타파스를 낸다.

ADD Placeta del Agua 3

TO DO

동굴 플라멩코 관람
Flamenco

그라나다의 플라멩코는 예술적인 요소보다는 한恨의 정서를 표현하는 것에 집중하고 있다. 알바이신과 사크로몬테에 몰려 있는 플라멩코 공연장은 집시들이 거주했던 동굴을 개조해 만들어졌는데, 좁은 공연장 그 자체부터 산속에 숨어 살아야 했던 소외된 이들의 삶을 느끼게 한다.

쿠에바 데 라 로시오 Cueva de la Rocio

동굴에 만들어진 플라멩코 공연장 겸 레스토랑. 동굴 벽을 따라 관객들을 위한 의자가 놓여 있는데, 객석과 무대의 경계가 없어 보다 가까이서 무희들의 춤사위를 볼 수 있다. 단체 관광객에게 인기가 높아 늘 만석인 것이 단점. 식사보다는 공연 자체만 즐기는 것이 좋다.

ADD Camino del Sacromonte, 70 **WEB** www.cuevalarocio.es

MÁLAGA
말라가

히브랄파로 성, 말라가에서 가장 높은 곳이다. 성채에 오르자 말라가 시내와 항구 그리고 푸른 지중해가 파노라마처럼 펼쳐진다. 숨은 그림 찾기 하듯 말라가의 명소들을 찾아보고, 산길을 따라 이슬람 궁전 알카사바를 지나 찬찬히 시내로 걸음을 옮긴다. 피카소의 고향이기 때문일까, 수백 년을 훌쩍 넘긴 유적들 사이사이로 현대 예술 공간과 세련된 상점들이 어우러져 있다. 로마 극장부터 현대 미술관까지, 수 천 년을 이어온 말라가의 시간 속을 걷던 여행자의 종착지는 바로 푸른 바다다. 커다란 야자수 아래 하릴없이 몸을 누인다. 안달루시아의 따스한 햇볕, 시원한 지중해의 바람에 절로 잠이 쏟아진다. 한껏 게을러지는 시간, 모두가 꿈꾸는 달콤한 휴가가 바로 이 도시에 잠들어 있었다.

알카사바와 히브랄파로 성
Alcazaba & Castillo de Gibralfaro

위치 로마 극장에서 알카사바, 히브랄파로 성까지 트레킹로가 형성되어 있다. 시내에서 알카사바까지는 아센도르(엘레베이터) 탑승 가능.

이슬람 궁전과 요새가 모여 있는 성채 알카사바는 11세기 나사르 왕국의 바디스 왕에 의해 만들어졌다. 그는 알카사바 옆쪽으로 도시를 방어하기 위해 히브랄파로 성을 세웠는데, 이슬람 왕조는 이곳에서 최후의 항전을 벌였다. 히브랄파로는 원형의 투우장과 말라가 시내, 넘실대는 푸른 바다가 어우러진 전망으로 인기가 높다. 알카사바와 히브랄파로 성으로 올라가는 길은 로마 극장에서 시작된다.

중앙시장
Mercado Central de Atarazanas

ADD Calle Atarazanas, 10

신선한 과일과 채소, 육류, 해산물 등 온갖 종류의 식재료를 판매하는 재래시장으로 장을 보러 나온 현지인들을 쉽게 볼 수 있다. 내부에는 저렴한 타파스 바가 밀집되어 있어 식사를 해결하기 좋고 과일이나 하몽, 올리브오일 등을 저렴하게 구입할 수 있다.

말라가 대성당
Catedral de la Encarnación de Málaga

ADD Calle Císter

16세기 이슬람 사원 터에 건축하기 시작해 1782년에 완공되었다. 르네상스 양식으로 세워졌으나 오랜 시간 공사가 이어지면서 고딕과 바로크 양식이 혼합되었다. 초기 남쪽과 북쪽에 탑이 설계되었으나 자금 부족으로 남쪽 탑이 미완성으로 남아 있어 '외팔이 La Manquita'란 별명을 얻었다. 내부에서는 인상적인 유화가 걸려 있는 예배실과 정교한 조각이 돋보이는 목재 성가대석 등을 눈여겨보자.

피카소 미술관
Museo Picasso Málaga

ADD Calle San Agustín, 8
WEB www.museopicassomalaga.org

16세기 부에나비스타 궁전을 개조한 건물로 유대인 지구에 자리하고 있다. 그림, 드로잉, 판화, 조각, 도예품 등 피카소의 가족들이 기증하거나 대여한 204점의 작품을 전시하고 있다. 피카소의 노트와 편지, 어린 시절 사진 등이 전시된 피카소 생가 박물관 Fundación Picasso은 메르세드 광장에 자리하고 있다. 광장에 있는 피카소 동상과 기념사진을 남겨보자.

정어리 구이
Espetos de Sardinas

말라가의 해변을 걷다 보면 간이식당에서 꼬치에 끼운 해산물을 직화로 굽는 모습을 흔히 볼 수 있다. 대표적인 메뉴 정어리 구이는 비린내가 없고 바삭바삭하면서 부드러워 인기가 높다. 특히 여름에는 살이 통통하게 올라 더더욱 맛있다는 사실.

추로스
Churros

스페인 전통 간식 추로스는 우리가 알고 있는 그것과 모양도 맛도 다르다. 진한 초콜릿(별도로 주문해야 한다)에 방금 튀겨낸 따끈한 추로스를 찍어 먹으면 절로 기분이 좋아진다.

카사 아란다 Casa Aranda

중앙시장 옆에는 늘 사람들로 북적이는 좁은 골목이 있다. 골목 전체를 접수한 주인공은 80년 넘는 역사를 가진 카페로 초콜릿을 곁들인 추로스를 판매한다.

ADD Calle Herrería del Rey, 3

TO DO

말라게타 해변 거닐기
Playa de la Málagueta

도심에서 가장 가까운 해변인 말라게타 Malagueta는 여름이면 푸른 바다와 뜨거운 태양을 즐기는 이들로 늘 흥성거린다. 해변을 따라 해산물 요리를 내는 식당들이 자리하고 있으며, 반대쪽 항구 방향으로 현대적인 식당과 카페, 상점이 몰려 있다. 도심의 동쪽에 있는 페드레갈레호 해변 Playa de Pedregalejo이나 팔로 해변 Playa del Palo도 인기가 높다.

소호 산책
Soho

위치 알라메다 프린시팔 거리 Alameda Principal 남쪽 (중앙시장 남쪽), 말라가 공원 Parque de Málaga의 서쪽에서 시작된다.

소호는 그래피티 벽화, 옛 시장 건물에 만들어진 현대미술관 CAC Málaga, 수시로 특별전이 열리는 크고 작은 갤러리와 흥미로운 테마를 선보이는 맛집, 멋집이 가득한 지역이다. 알라메다 프린시팔 거리 Alameda Principal 남쪽에 자리하고 있다. 저렴한 호스텔과 독특한 디자인의 부티크 호텔이 밀집해 여행자들에게도 사랑받는 동네다.

마르케스 데 라리오스 거리에서 쇼핑하기
Calle Marqués de Larios

대리석 바닥이 인상적인 이 거리는 말라가를 대표하는 세련된 쇼핑가다. 세계적인 스파 브랜드(특히 인디테일 그룹을 포함한 스페인 출신 브랜드들이 볼 만하다)는 물론이고 로컬 디자이너 부티크, 개성 있는 로컬 상점 등이 몰려 있는 곳이다. 바와 펍이 몰려 있는 광장 플라사 데 라 콘스티투시온 Plaza de la Constitución이 멀지 않아 늦은 시간까지 시간을 보내기 좋다.

스페인 브랜드 알고 가기

자라와 망고가 전부는 아니다. 아직 우리나라에까지 잘 알려지지 않았을 뿐. 요즘 직구 바람을 타고 조금씩 알려지고 있는 스페인 브랜드들을 모아본다.

1. **빔바 이 롤라 Bimba y Lola**
   비비드한 색감과 프린트, 스포티하면서 여성스러운 핏으로 인기 있는 브랜드.
2. **우테르케 Uterqüe**
   실용적인 디자인에 유니크한 컬러감이 인상적인 브랜드. 의류 뿐 아니라 신발도 인기가 높은데, 모든 신발은 스페인에서 만들어진다고.
3. **데시구알 Desigual**
   과감하고 화려한 프린트를 내세운 브랜드로 바캉스룩을 완성하기 좋다. 머플러나 가방 같은 소품으로 포인트를 주는 것도 좋은 방법.
4. **아돌포 도밍게스 Adolfo Dominquez**
   심플한 디자인과 절제된 라인, 서로 다른 소재를 믹스하는 센스가 돋보이는 브랜드. 스페인 왕실에서도 애정하는 디자이너라는 사실.
5. **델포조 Delpozo**
   현대 여성들을 위한 럭셔리 프레타쿠튀르 브랜드로 페미닌하면서 현대적인 감성으로 조형미가 돋보이는 컬렉션을 선보인다.

TOILETTES
Bière Forte des Trappistes
CHIMAY
Bière Forte des Trappistes
CHIMAY
CHIMAY

Trappist Breweries in

België

벨기에 수도원 맥주 원정대

유럽살이의 즐거움 중 하나는 이제껏 몰랐던 유럽을 새록새록 알아가는 것이다. 어디든 고만고만하다고 생각했건만, 들여다 보면 볼수록 기후나 지형, 사람들의 생김새, 심지어 나라마다 풍기는 냄새까지 같은 것이 하나도 없었다. 이런 까닭에, 가끔은 언쟁이 촉발되기도 한다. 지켜보는 나로선 퍽 흥미롭다. 영국과 네덜란드 친구는 어느 나라 날씨가 더 나쁜지를 논하고, 프랑스와 이탈리아 친구들은 자국의 와인을 자랑하기 바쁘다. 물론 늘 편이 갈리는 것은 아니다. 이를테면 - 태국의 바다가 아름답고 중국의 길거리 음식은 흥미로우며 싱가포르나 홍콩이 쇼핑하기 좋다는, 아시아의 여행 통념처럼 유럽 사람들에게도 비슷한 공식들이 존재했다. 프랑스의 멋과 이탈리아의 맛처럼 세상 모두가 알고 있는 것도 있지만 의외의 공식도 존재했으니, 바로 '맥주의 나라'였다. 흔히들 1인당 맥주 소비량이 가장 많은 나라인 체코나 세계 최대의 맥주 축제인 옥토버 페스트가 열리는 독일일 거라 생각하지만, 정답은 바로 벨기에니까 말이다.

Mary
FRITES ATELIER
CAVALLARO
CRISPY CROQUETTE COLLECTION
TRY NOW "FRITES IN JAPAN"

벨기에 맥주는 중세시대 수도사들이 금식 기간 영양 보충을 위해 양조한 것에서 기원한다. 오랜 역사와 다양한 시도를 거쳐 오늘날 전국 200여 개의 양조장에서 1,500종이 넘는 맥주를 생산하고 있다. 유네스코 무형문화유산에 등재된 벨기에 맥주의 기원을 찾아가는 여정은 생각보다 더 흥미로웠다. 수도원을 하나하나 방문하다 보니 자연스레 벨기에 전역을 여행하게 되었는데, 여느 유럽 대도시에 비해 한산한 거리와 오밀조밀 모여 있는 시가지, 시간이 멈춘 듯한 중세시대 마을, 아르덴 지방의 아름다운 숲과 고성지대에 이르는 비경이 종합 선물 세트처럼 한데 모여 있었으니까. 날마다 맛보는 새로운 맥주, 맥주와 찰떡궁합을 자랑하는 감자튀김과 홍합찜은 또 어떻고. 경상도만 한 작은 나라가 이렇게나 다채로운 매력을 품고 있다니, 어찌 아니 즐거울 수 있겠는가. 반지 원정대와 견주어도 손색없는 맥주 원정대의 흥미진진한 모험은 계속될 것이다.

벨기에

트라피스트 맥주 순례

Trappist Breweries in België

지구상에서 가장 귀한 맥주를 생산하는 나라, 벨기에. 유럽의 맥주 창고로 불리는 이 고장에서 단연 또렷한 존재감을 나타내는 것은 트라피스트 맥주다. 이 맥주 순례길은 발 닿는 족족 벨기에 고유의 문화와 풍속을 펼친다. 안트베르펜의 패션, 브뤼셀의 미술, 나무르의 건축, 디낭의 음악… 은은한 취기와 함께 이 고장의 매력에 흠뻑 빠지고 만다.

FOR WHOM?
전 세계에 숨어 있는 맥주 원정대 친구들

ROUTE

안트베르펜(2박 3일 + **베스트말레** 0.5일) ▶**브뤼셀**(3박 4일) ▶**나무르**(1박 2일 + **로슈포르 & 시메** 1일) ▶**디낭**(1박 2일 + **오르발** 1일)

+ SHORT TRIP **룩셈부르크** (2박 3일)

TRANSPORTATION

인천공항에서 벨기에로 가는 직항편은 운항하지 않아 유럽의 다른 도시들을 경유해 브뤼셀이나 안트베르펜으로 입국하는 경우가 많다. 프랑스 파리나 네덜란드 암스테르담에서는 육로로 쉽게 이동할 수 있다. 벨기에는 작은 나라고 도시마다 기차가 훌륭하게 연결되어 있어 이동이 편리하다. 참고로 벨기에 기차는 주말(금요일 저녁~일요일)마다 무려 50%의 파격적인 할인을 진행하니 기억해 둘 것.

TRAIN　**www.belgiantrain.be**
(모바일 애플리케이션 SNCB)

Antwerpen

안트베르펜

영문으로 표현하면 앤트워프 Antwerp. 벨기에 제 2의 도시로, 15세기 신대륙 무역을 독점하며 유럽 제일의 무역항으로 발전했다. 이후 네덜란드와 독립전쟁으로 쇠퇴해 제1, 2차 세계대전 때 독일의 폭격으로 어려움을 겪었지만 오늘날에는 벨기에의 패션과 건축, 문화의 중심지로 각광받고 있다. 안트베르펜이 중세와 현대, 클래식과 아방가르드를 넘나드는 예술적 영감의 도시로 거듭난 것은 이곳 출신의 예술가와 장인들 덕이다. 바로크 예술의 거장 페테르 파울 루벤스 Pieter Paul Rubens부터 절묘한 커팅 기술로 세계 다이아몬드 시장을 잠식한 장인들, 1990년대 패션계를 뒤흔든 6인의 디자이너 '앤트워프 식스'에 이르기까지 명맥을 이어온 예술적 DNA가 이 고장을 한층 빛나게 한다.

Bruxelles

브뤼셀

EU(유럽연합)와 NATO(북대서양조약기구) 본부가 자리한 벨기에의 수도 브뤼셀은 불어와 네덜란드어를 공용으로 사용하는 국제적인 도시다. 유럽의 다른 대도시와 비교하면 소박한 규모지만 아름다운 광장과 색깔 있는 건물들은 이곳만의 독특한 분위기를 자아낸다. 고풍스러운 옛 건물과 유럽연합의 세련된 유리 건물, 플랑드르 거장의 작품과 위트 넘치는 만화 벽화, 식사 시간마다 선택의 기로에 서게 하는 푸드트럭과 근사한 프랑스 레스토랑이 뒤섞여 공존하는 구시가지는 오랜 역사를 지닌 도시 특유의 품위와 문화적 개성을 떨친다. 그런가 하면 두 번 튀긴 감자튀김과 캐러멜로 코팅한 와플, 100% 카카오 버터를 사용한 초콜릿을 탄생시킨 고집스러움은 브뤼셀의 식도락을 완성한다. 과연 이방인의 눈과 입을 사로잡는 '유럽의 작은 거인'이라 불릴 만하다.

Namur

나무르

뫼즈 강 Meuse과 상브르 강 La Sambre이 합류하는 지점에 자리한 나무르는 켈트 시대부터 주요 무역 수송로의 역할을 해온 도시다. 두 강이 만나는 삼각지역에 자리한 성채는 나무르의 2,000년 역사를 품고 있는 거대한 박물관이자 나무르 여행의 하이라이트로 로마시대 처음 건설되어 재건과 증축을 반복해 17세기에 오늘날의 형태를 갖췄다. 중세부터 여러 번의 전쟁으로 대부분의 옛 건물들이 소실되었지만 1700년대 목조 건축 금지령으로 전쟁의 피해를 비켜간 17~18세기 건물들이 도심을 채우고 있다. 아름다운 산과 숲을 자랑하는 아르덴 지방의 관문이자 브뤼셀과 룩셈부르크를 연결하는 도로가 통과하는 도시로 벨기에 남부 여행을 앞두고 숨을 고르며 쉬어가기 좋다.

Dinant

디낭

강변을 따라 금방이라도 튀어나올 것 같은 웅장한 절벽과 무채색의 화려함을 뽐내는 성당 그리고 절벽 꼭대기에서 이 모든 것을 한눈에 내려다보고 있는 성채가 분위기를 압도한다. 벨기에 남부 뫼즈 강변에 자리한 디낭은 인구 1만 명에 불과한 작은 도시다. 중세 이후 군사적 요충지로 강국들의 지배와 세계대전을 겪으며 많은 주민들이 학살된 굴곡진 역사를 안고 있지만 슬픈 상처가 아문 오늘날 강과 숲, 성채가 어우러진 평화롭고 아름다운 풍경은 감탄을 자아내기 충분하다. 벨기에를 대표하는 맥주 레페의 발상지이자 감미로운 음색의 목관악기 색소폰을 발명한 아돌프 색스의 고향으로 도시 곳곳에서 각양각색의 색소폰 모형들을 만날 수 있다.

들어는 봤나, 트라피스트 맥주

Trappist Beer

맥주 좀 마셔본 사람이라면 한 번 들어봤을 '트라피스트 맥주 Trappist Beer'. 트라피스트 맥주는 국제트라피스트협회의 엄격한 기준 아래 인증된, 트라피스트 수도원에서 생산된 맥주만을 일컫는다. 1098년 프랑스 수도원에서 처음 양조된 트라피스트 맥주는 '수도원 맥주'로도 알려져 있다. 트라피스트 맥주는 수도사들이 단식 기간 중 영양을 보충하거나 손님을 접대하기 위해 만들어졌다. 트라피스트 협회에 인증된 맥주를 생산하는 수도원은 전 세계 14곳으로 네덜란드 2개, 오스트리아·영국·이탈리아·스페인·프랑스·미국에 1개씩 분포되어 있다. 나머지 6개의 수도원은 모두 벨기에에 자리하는데, 그 6곳의 목록은 아래와 같다
(이 책에서 소개하는 브루어리는 별표로 체크해 두었다).

ANTWERPEN
안트베르펜

기차에서 내려서자마자 잠시 넋을 잃었다. 유리와 철재로 된 거대한 돔과 햇살이 쏟아지는 아치형 창, 섬세한 조각들로 장식된 중앙역은 고전 영화 속에서나 나올 법한 모습을 하고 있었으니까. 으리으리한 역사를 뒤로하고 거리로 들어서자 눈에 띄는 다이아몬드 전문점. 전 세계 다이아몬드의 70%가 거래되는 '다이아몬드의 도시'답게 영롱한 광채를 뽐내는 귀하신 몸에 절로 눈길이 간다. 구시가지의 중심 흐로터 마르크트, 루벤스의 명작이 소장된 성모 마리아 대성당, 아름다운 정원을 가진 루벤스의 집 등 안트베르펜의 주요 볼거리는 두세 시간이면 충분할 정도로 오밀조밀 모여 있다. 그럼에도 불구하고 하루가 모자란 것은 고풍스러운 옛 건물에 자리한 화려한 쇼윈도의 유혹 때문이다. 빈티지숍부터 명품 부티크까지, 멋쟁이들의 은밀한 집결지가 바로 이곳이었다.

성모 마리아 대성당
Onze Lieve Vrouw Kathedraal

ADD Groenplaats 21
WEB www.dekathedraal.be

1352년부터 2세기에 걸쳐 지어진 대성당은 123m의 높이로 건설 당시 벨기에 최대 고딕 건축물이었다. 화재와 전쟁 등 여러 번의 시련을 겪었으나 여전히 웅장하고 아름다운 모습을 간직하고 있다. 대성당의 하이라이트는 내부에 있는 루벤스의 4대 걸작 ≪십자가에 매달린 그리스도≫, ≪십자가에서 내려지는 그리스도≫, ≪그리스도의 부활≫, 그리고 ≪성모승천≫이다. 우리나라에도 널리 알려진 동화 ≪플란다스의 개≫의 무대이기도 한 성당 건물 앞에는 네로와 파트라슈 기념비가 자리하고 있다.

플랑탱 모레투스 박물관
Museum Plantin-Moretus

ADD Vrijdagmarkt 22-23
WEB www.museumplantinmoretus.be

16세기 유럽에서 가장 큰 인쇄소였던 건물에 만들어진 인쇄 출판 박물관. 금속활자를 이용해 책을 만드는 과정을 직접 보고 체험할 수 있는 독특한 장소다. 르네상스와 바로크 양식이 혼합된 건물 자체가 인상적인데, 중정과 서재는 감탄이 절로 나올 만큼 아름답다. 루벤스의 작품도 전시되어 있다.

루벤스의 집
Rubenshuis

ADD Wapper 9-11
WEB www.rubenshuis.be

바로크 양식을 확립한 17세기 대표 화가 루벤스 Peter Paul Rubens가 거주하던 집이자 작업실로 그의 대표작들이 탄생한 장소다. 이탈리아 생활을 마치고 고향인 안트베르펜으로 돌아온 루벤스는 1616년 이 집을 매입해 바로크 양식으로 직접 개조했다. 특히 아름다운 안뜰이 인상적이다. 루벤스의 작품과 동시대 화가들의 작품들을 볼 수 있다.

MAS 박물관
Museum Aan de Stroom

ADD Hanzestedenplaats 1
WEB www.mas.be

MAS Museum Aan de Stroom는 붉은 색깔의 모던한 벽돌 건물로 해양 박물관, 민족학 박물관 등 안트베르펜의 박물관을 통합해 만든 공간이다. 전시관, 카페, 레스토랑, 전망대 등이 모두 한 건물에 자리하고 있는데, 안트베르펜 시내를 내려다볼 수 있는 옥상 전망대는 늘 인기가 높다.

중앙역
Antwerpen Centraal

ADD Koningin Astridplein 27

안트베르펜이 항구도시로 명성을 떨쳤던 1905년에 문을 연 중앙역은 유럽에서 가장 인상적인 기차역 중 하나로 '열차를 위한 대성당'이란 별칭을 가지고 있다. 네오-르네상스 양식으로 유리 돔을 얹은 지붕부터 대리석 장식으로 한껏 멋을 낸 실내는 처음 안트베르펜을 찾는 이들의 발걸음을 붙잡기에 충분하다.

TRIVIA

기념품 가게에 진열된 '잘린 손'의 정체

안트베르펜에서는 잘린 손 모양의 초콜릿이나 인형 등 기괴한(?) 기념품을 종종 볼 수 있다. 이는 로마의 군인 실비우스 브라보 Silvius Brabo의 이야기에서 유래했다. 그는 스헬더 강 Schelde River 하구에서 강을 건너는 이들에게 비싼 통행세를 걷거나 돈이 없는 사람들의 손을 자르는 악행을 일삼아 온 거인 안티고온 Antigoon을 죽이고, 그의 손을 잘라 스헬더 강에 던져 버렸다. 안트베르펜이란 도시의 이름은 네덜란드어로 '손 던지기'라는 뜻의 '한트베르펜 Handwerpen'에서 유래되었고, 잘려진 손은 '평화로운 안트베르펜'을 상징한다는 이야기가 전해진다. 시청사와 옛 길드 하우스로 둘러싸인 흐로터 마르크트 Grote Markt 광장에는 브라보를 기리기 위한 분수가 있다.

FOOD & DRINK

프리츠
Frites

여전히 프랑스와 원조 싸움을 이어가고 있는 벨기에의 감자튀김. 동물성 기름(돼지기름, 말기름, 소기름 등)에서 2번 튀겨 바삭하고 깊은 맛을 낸다. 여기에 다양한 소스를 더해 사람들의 입맛을 사로잡고 있다.

프리츠 아틀리에 Frites Atelier

미쉐린 스타 셰프가 오픈한 감자튀김 전문점으로 고급스러운 인테리어부터 눈길을 끈다. 다양한 토핑과 소스를 더해 감자튀김을 간식이 아닌 훌륭한 한끼 식사로 만들어준다.

ADD Korte Gasthuisstraat 32 **WEB** www.fritesatelier.com

불레츠
Boulets

벨기에 전통음식인 불레츠는 미트볼로 남부 도시 리에주 Liege에서 탄생했다. 소고기와 돼지고기를 주로 사용하며 새콤하고도 상큼한 맛의 소스를 곁들인다. 주먹만 한 큼직한 크기로 1인당 1~2개씩 서빙된다.

볼 앤 글로리 Balls & Glory

현대적인 감각으로 해석한 미트볼 전문점. 소고기, 닭고기, 채식 볼을 기본으로 사이드 디시를 선택할 수 있다.

ADD Nieuwstad 1 naast Stadsschouwburg **WEB** www.ballsnglory.be

쇼핑
Shopping

세계 3대 패션스쿨, 안트베르펜 왕립예술학교와 '앤트워프 식스 Antwerp Six'라는 별칭으로 불리는 6명의 전설적인 디자이너(드리스 반 노튼 Dries Van Noten, 앤 드뮬미스터 Ann Demeulemeester, 더크 반 세인 Dirk Van Saene, 월터 반 베이렌동크 Walter Van Beirendonck, 더크 비켐버그 Dirk Bikkembergs, 마리나 이 Marina Yee)를 배출한 도시답게 고급 부티크부터 다양한 브랜드 매장과 콘셉트 스토어가 자리하고 있다. 패션 위크나 세일 기간(7월 1일부터)에는 유럽 전역에서 사람들이 몰려든다.

메이르 거리 Meir

베네룩스에서 가장 많은 쇼핑객이 몰리는 곳으로 세계적인 브랜드 매장이 몰려 있다. 메이르 거리를 중심으로 뻗어 있는 작은 거리에도 독특한 상점들이 가득하니 발길 가는 대로 걸어볼 것.

베스트말레 수도원
Abdij der Trappisten van Westmalle

ADD Antwerpsesteenweg 496, Malle
위치 안트베르펜 시내에서 버스로 40분 소요. (Abdij역 하차)
WEB www.trappistwestmalle.be

프랑스 혁명 당시 소란을 피해 피신하던 수도사들의 일부가 베스트말레에 정착해 1794년 수도원이 설립됐다. 1836년에 대수도원으로 승격된 이래 맥주를 양조하기 시작했다. 듀벨 스타일 맥주의 원조로 현재 듀벨 Dubbel, 트리펠 Tripel, 엑스트라 Extra, 3종류의 맥주를 생산하고 있다. 양조장을 포함한 수도원 내부는 일반에게 공개되어 있지 않다. 외부 산책로를 통해 건물 외관만 둘러볼 수 있다.

카페 트라피스텐 Café Trappisten

수도원 맞은편에 위치한 카페로 베스트말레 수도원에서 생산한 맥주와 치즈, 햄 등을 재료로 한 식사를 즐길 수 있다. 맥주는 듀벨 드래프트와 병, 트리펠 병(트리펠은 병으로만 생산됨), 두 개를 섞은 하프&하프 메뉴 등이 있다. 운이 좋다면 수도사들을 위해 연중 2회 생산하는 엑스트라 Extra 라인을 맛볼 수 있으니 직원에게 문의해보자. 맥주와 치즈는 물론 전용 잔을 포함한 액세서리를 구입할 수 있다.

ADD Antwerpsesteenweg 496, Malle
WEB www.trappisten.be

BRUXELLES
브뤼셀

광장은 눈부신 무대다. 높이 솟은 첨탑과 압도적인 화려함을 내세운 시청사를 중심으로 유구한 역사를 간직한 길드 건물들이 황금빛 기둥과 지붕을 뽐낸다. 그랑플라스 밖으로 뻗어난 거리에도 예의 멋스러움은 가득하다. 아르누보 양식의 우아한 곡선을 자랑하는 주택들과 갤러리 같은 쇼핑센터를 지나, 보석처럼 예쁜 초콜릿과 코끝을 자극하는 고소한 와플 냄새를 좇다 보면 도시의 마스코트 오줌싸개 동상이 '짠' 하고 모습을 드러낸다. 도심을 한눈에 굽어보고 싶다면 예술의 언덕에 올라야 한다. 이왕 찾아간 것, 왕립미술관에 닿아 플랑드르 회화의 걸작들과 르네 마그리트의 작품도 마주해 본다. 어느새 해가 저만치 기울고 어둠이 밀려들 때, 그랑플라스의 야경을 안주 삼아 람빅 맥주의 독특한 풍미에 취한다면, 이보다 더 빛나는 밤도 없을 테다.

ATTRACTION

그랑플라스
Grand Place

소설가 빅토르 위고가 '세계에서 가장 아름다운 광장'이라 극찬한 그랑플라스는 13세기 대형 시장과 함께 형성되었다. 광장은 96m 높이의 고딕 양식 첨탑이 눈에 띄는 브뤼셀 시청사 Hôtel de ville와 네오고딕 양식의 시립박물관 Musée de la ville de Bruxelles, 그리고 20개가 넘는 중세시대 상공업 길드의 화려한 건물로 둘러싸여 있다. 크기와 형태, 건축 시기, 보존 상태가 각기 다른 길드 하우스는 대부분 카페나 레스토랑, 상점으로 사용되고 있는데, 여섯 채의 길드 하우스가 합쳐진 브라반트 공작관과 맥주 박물관 Musée des Brasseurs Belges으로 사용 중인 맥주 길드 하우스 '황금의 나무 'L'Arbre d'Or'가 특히 인상적이다.

오줌싸개 동상
Manneken Pis

위치 Rue de l'Etuve과 Rue du Chêne의 교차로

관광객들 사이에서 '유럽의 3대 실망'이라 불릴 정도로 자그마한 규모지만, 이곳 시민들의 사랑을 독차지하는 꼬마다(참고로 '실망'을 안기는 다른 랜드마크 2곳은 덴마크 코펜하겐의 인어공주 동상, 독일 라인 강의 로렐라이 언덕이다). 1388년 돌로 만들어진 상을 1619년 조각가 제롬 뒤케누아 Jerome Duquenoy가 청동으로 제작했고 이후 도시의 상징물로 간주되어 전리품으로 탈취되는 수난의 역사를 겪기도 했다. 동상을 약탈한 프랑스의 루이 15세가 평화의 의미로 금빛 옷을 입혀 돌려보낸 것을 시작으로, 외국 사절들이 브뤼셀을 방문할 때마다 동상의 옷을 선물하는 일이 많아져 현재는 1,000벌이 넘는 의상을 소유한 패셔니스타로 등극했다. 오늘날의 동상은 1965년에 제작된 모조품이다. 진품과 의상들은 그랑플라스에 있는 시립박물관에서 만날 수 있다.

왕립미술관
Musées Royaux des Beaux-Arts

ADD Rue de la Régence 3
WEB www.fine-arts-museum.be

고전미술관 Musée Oldmasters, 현대미술관 Musée Modern, 마그리트 미술관 Musée Magritte, 세기말 미술관 Musée Fin_de_Siècle, 총 4개의 미술관으로 구성된 복합단지로 2만여 점의 작품들을 전시하고 있다. 플랑드르 거장의 걸작들을 볼 수 있는 고전미술관과 벨기에가 낳은 초현실주의의 거장 르네 마그리트 미술관이 하이라이트다. 관람 도중 쉬어가고 싶다면 인접한 브뤼셀 왕궁 Palais de Bruxelles과 예술의 언덕 Mont des Arts을 찾아도 좋다.

세인트 휴버트 갤러리
Galeries Royales Saint Hubert

ADD Galerie du Roi 5
WEB www.grsh.be

세계 최초 쇼핑 갤러리로 1847년에 완공되었다. 총 길이 213m로 50여 개의 화려하고 고급스러운 상점들이 모여 있는데, 근사한 초콜릿 가게가 특히 많다. 18m 높이의 유리 천장 덕분에 낮에는 파란 하늘과 햇살을 즐길 수 있고, 밤에는 상점의 불빛이 반사되어 별처럼 반짝인다.

벨기에 만화센터
Centre Belge de la Bande Dessinée

ADD Rue des Sables 20
WEB www.comicscenter.net

세계적인 인기 만화 《개구쟁이 스머프 Les Schtroumpfs》와 《탱탱 TinTin》이 탄생한 벨기에 만화의 역사와 탄생 비화, 주인공들의 모형을 만날 수 있는 박물관. 채광이 좋은 건물은 1906년 아르누보 건축가 빅토르 오르타의 솜씨로 초기에는 백화점 건물로 설계되었다. 만화 애호가라면 전 세계에서 수집한 만화책이 모여 있는 도서관을 놓치지 말 것. 1층 중앙 로비와 카페는 티켓을 구입하지 않아도 입장할 수 있다.

르네 마그리트의 흔적 찾기

20세기를 대표하는 초현실주의 화가 르네 마그리트는 브뤼셀에서 거의 평생을 지냈다. 덕분에 브뤼셀 곳곳에서 그의 흔적들을 찾을 수 있다.

르네 마그리트 박물관
René Magritte Museum

브뤼셀 외곽에 있는 르네 마그리트 박물관 René Magritte Museum은 르네 마그리트가 1930년부터 24년간 거주했던 작은 아파트다. 부부가 생활했던 1층은 박물관으로 복원되어 있고, 집 앞으로 《빛의 제국 The Empire of Lights》의 모티브인 가로등이 자리를 지키고 있다.

ADD Rue Esseghem 135, Jette
WEB www.magrittemuseum.be

라 플뢰르 앙 파피에 도레
La Fleur en Papier Dore

그랑플라스에서 도보 10분 거리에 있는 '라 플뢰르 앙 파피에 도레 La Fleur en Papier Dore'는 마그리트가 즐겨 찾던 장소 중 하나로, 그가 전시회를 열기도 했던 공간이다. 내부는 오랜 역사를 자랑하듯 고풍스럽게 꾸며져 있다. 주로 스튜나 미트볼 같은 벨기에 음식을 낸다.

ADD Rue des Alexiens 55
WEB www.goudblommekeinpapier.be

초콜릿
Chocolate

17세기 처음 벨기에에 상륙한 초콜릿은 오랜 시간 장인들의 노하우를 농축하고, 100% 카카오 버터를 사용해 세계 최고의 품질을 자랑한다. 우리에게도 익숙한 길리안, 고디바, 레오니다스 등 유명 브랜드를 포함해 벨기에 전역에는 2,000곳이 훌쩍 넘는 초콜릿 가게가 산재해 있다. 벨기에 초콜릿의 꽃은 미니 초콜릿 '프랄린 Praline'이다. 한 입 크기의 초콜릿 안에 크림이나 견과류를 삽입해 다양한 풍미와 모양을 낸다.

노이하우스 Neuhaus

1857년에 문을 연 수제 초콜릿 전문점으로 3대째 운영되고 있다. 브뤼셀을 '초콜릿 수도'로 만든 주인공.

ADD Rue de la Madeleine 29

비타메르 Wittamer

1910년에 개점, 4대째 이어오는 초콜릿 전문점으로 벨기에 왕실 납품 브랜드이기도 하다. 케이크와 쿠키 종류도 인기가 좋은데 특히 초콜릿 케이크, 강력 추천!

ADD Place du Grand Sablon 6-12-13

피에르 마르콜리니 Pierre Marcolini

1995년 리옹에서 열린 쿠프 뒤 몽드(세계 과자대회) 우승을 비롯, 수많은 수상 경력을 자랑하는 브랜드.

ADD Rue des Minimes 1

와플
Waffle

벨기에 어디서나 쉽게 맛볼 수 있는 와플. 크게 브뤼셀 와플 Brussels Waffle 스타일과 리에주 와플 Liege Waffle 스타일의 2갈래로 나뉜다. 브뤼셀 스타일은 직사각형의 바삭한 식감으로 과일이나 크림, 초콜릿 등 다양한 토핑을 곁들여 먹는다. 그에 비해 둥글고 도톰한 형태의 리에주 스타일은 촉감이 포근하고, 표면이 캐러멜로 코팅되어 있어서 토핑 없이 먹어야 오롯이 그 향을 즐길 수 있다.

와플 거리 Rue de l'Etuve

오줌싸개 동상 근처 크고 작은 와플 가게들이 줄지어 늘어선 '와플 거리'. 플레인 와플은 물론 취향껏 다양한 토핑을 얹은 나만의 와플을 맛볼 수 있다.

비탈그우프 Vitalgaufre

바닐라, 딸기, 초콜릿과 시나몬 네 가지 맛을 제공하며 요란한 토핑 없이 고소하고 담백한 맛이 특징이다.

ADD Rue Neuve 23-29

홍합 요리
Moules marinière

신선한 홍합에 셀러리, 대파, 파슬리 등의 향채와 화이트와인을 더한 찜요리로 냄비째 담아 낸다. 다양한 채소와 향신료를 추가하기도 하는데 한국인 여행자들은 마늘이 들어간 조합을 선호한다.

셰 레옹 Chez Léon

1893년에 문을 연 레스토랑. 인기 메뉴는 홍합찜과 그라탕으로 워낙 손님이 많아 늘 신선한 홍합을 맛볼 수 있다는 것이 장점이다. 관광객이 주로 찾는 곳으로 인종차별과 팁 강요 같은 불쾌한 후기도 적지 않다. 셰 레옹 주변은 비슷한 메뉴의 식당이 많아 '홍합 거리'로 불린다.

ADD Rue des Bouchers 18

르 비스트로 Le Bistro

모던하고 세련된 인테리어와 친절한 서비스로 조금씩 인기몰이 중이다. 그랑플라스와 살짝 거리가 있지만 그만큼 합리적인 가격으로 음식을 선보인다.

ADD Boulevard de Waterloo 138

그 도시의 맥주
Beer Tour

중세시대부터 맥주를 생산한 벨기에는 전 세계에서 가장 특색 있는 맥주를 생산하는 나라다. 전국 200여 개의 양조장에서 생산되는 맥주 브랜드만 1,000개가 넘는다. 독일의 '맥주 순수령'(보리, 맥아, 홉, 물 이외의 재료를 첨가하지 못하도록 규제한 법으로, 맥주의 품질을 지키기 위해 만들어졌다)에 준하는 규제가 따로 없었기에 한층 다양한 맛의 맥주가 탄생했다는 해석도 있다. 수십 가지 맥주를 보유한 맥주 카페나 보틀 숍, 소규모 양조장에서 개성 있는 벨기에 맥주를 즐겨보자.

델리리움 카페 Delirium Cafe

'핑크 코끼리'로 통하는 브뤼셀 최고의 맥주 카페. 2,000가지 이상의 맥주를 판매해 기네스북 '세계에서 가장 많은 종류의 맥주를 파는 곳'에 오르기도 했다. 인근의 자매 가게 '리틀 델리리움 Little Delirium'은 30여 가지 드래프트 비어와 칵테일을 선보인다. 본점보다 덜 붐비는 것도 장점.

ADD Impasse de la Fidélité 4
WEB www.deliriumvillage.com

TRIVIA

브뤼셀 맥주 '람빅 Lambic'

브뤼셀 인근 센 강 Senne 유역에서만 자라는 특별한 효모를 첨가해 만드는 자연발효 맥주. 시큼한 맛이 특징이다. 6개월~3년 정도의 오랜 숙성 기간을 거치는데 신맛의 밸런스를 맞추기 위해 과일이나 설탕을 첨가하기도 한다. 체리 맥주 '크리크 Kriek'는 대표적인 람빅 맥주다.

NAMUR 나무르

지그재그로 이어지는 산길을 오르자 성채가 조금씩 모습을 드러낸다. 수직에 가까운 성벽과 해자, 아치형 다리를 지나 망루에 오르면 굽이쳐 흐르는 강물과 강 건너 도심을 지키는 옛 건물들이 한눈에 들어온다. 여행자들은 평화로운 풍경을 눈앞에 두고 '뫼즈 강의 진주'라 부르곤 했다. 세월의 더께가 켜켜이 쌓인 지하 통로와 박물관부터 시민들의 휴식처가 된 야외극장까지, 산을 한 품에 감싼 성채를 슬슬 거닐다가 시내로 걸음을 돌린다. 예스러운 건물 사이로 테라스 카페와 빈티지 숍이 드문드문 들어선 모습엔 소박하고도 아기자기한 매력이 풍긴다. 햇살 좋은 날, 이 도시에선 뱃놀이를 해야 한다. 크루즈에 올라 뫼즈 강을 노닐다 보면 고색창연한 저택과 호젓한 풀숲이 자아낸 동화 속 풍경으로 어느새 미끄러져 들어간다.

시타델
Citadelle de Namur

ADD Route Merveilleuse 64
WEB www.citadelle.namur.be

두 개의 강이 만나는 지점 위에 세워진 시타델은 중세 유럽에서 가장 중시되었던 성채 중 하나다. 15세기 부르고뉴에 양도된 후 오스트리아, 프랑스, 네덜란드로 소유권이 변경되었고 이후 프랑스 혁명과 제1, 2차 세계대전 당시에도 군대가 주둔해 있었다. 현재 남아 있는 건물의 대부분은 17세기에 지어진 것으로 박물관(테라 노바 Terra Nova)과 카페, 레스토랑, 야외극장, 경기장 등으로 사용되고 있다. 도시 전체를 조망할 수 있는 훌륭한 망루이자, 아이들을 위한 놀이터이기도 하다. 미니 열차를 타고 내부를 돌아볼 수 있다.

샤토 드 나무르
La Chateau de Namur

ADD Avenue de l'Ermitage 1
WEB www.chateaudenamur.com

시타델 안쪽에 위치한 고성 호텔. 나무르 시내가 한눈에 내려다보이는 전망과 아름다운 정원을 자랑한다. 호텔에 투숙하지 않더라도 시타델을 둘러본 후 호텔 레스토랑을 방문해보자. 나무르 시내를 내려다보며 근사한 한 끼를 즐길 수 있다.

TO DO

크루즈
River Cruise

나무르에서 뫼즈 강을 따라 상류 디낭 방향으로 크루즈가 운항한다. 50분 동안 나무르 일대를 둘러보는 시티투어부터 8km 거리의 '딸기마을' 웨피옹 Wepion을 방문(1시간 45분)하거나 디낭까지 이동하는 장거리 구간도 있다. 선착장은 시타델 방향, 뫼즈 강과 상브르 강의 합류 지점에 있다.

로슈포르 생레미 수도원
Abbaye Notre-Dame de Saint-Remy, Rochefort

ADD 5580 Rochefort
WEB www.abbaye-rochefort.be

1230년에 설립되어 1595년에 양조장을 건립했으나 전쟁과 프랑스 혁명, 대형 화재 등의 아픔을 끊임 없이 겪어온 곳. 트라피스트 맥주 양조장 중 가장 오래된 곳으로 로슈포르 6, 8, 10의 3가지 맥주를 생산하고 있다. 예배당을 제외한 모든 구역은 비공개 상태이며 아쉽게도 수도원에서 운영하는 레스토랑도 존재하지 않는다. 벨기에 일반 레스토랑과 바, 슈퍼마켓에서 맥주를 맛볼 수 있다.

시메 스쿠르몽 수도원
Abbaye Notre Dame de Scourmont, Chimay

ADD 6464 Chimay
WEB www.chimay.com

시메 Chimay는 스쿠르몽 수도원 Notre Dame de Scourmont이 위치한 도시로, 우리나라에서는 '시메이'라는 발음으로 더 익숙한 시메 맥주를 생산하는 곳이다. 베스트블레테렌 수도원에서 온 수도승에 의해 1850년에 설립된 스쿠르몽 수도원은 자체 농장과 양조장, 치즈공장에서 활발한 생산 활동을 하고 있어 지역 사회에 큰 영향을 주고 있다. 골드, 레드, 트리펠, 블루 4가지 맥주를 생산하며 한국으로도 수출한다. 산책로와 수도원 시설의 일부, 예배당이 일반에 공개되어 있다.

시메 방문자 센터 Espace Chimay

시메의 역사를 볼 수 있는 미니 박물관, 맥주를 포함한 기념품을 판매하는 상점, 시메 드래프트를 마실 수 있는 레스토랑과 방문자를 위한 호텔까지 한데 자리한다. 널찍한 야외 좌석과 놀이터를 갖추고 있어 쉬어 가기 좋다. 7개의 객실을 보유한 호텔은 1박에 80~90유로선.

ADD Rue Poteaupré 5, Bourlers
WEB poteaupre@chimaygestion.be

DINANT 디낭

가이드의 친절한 목소리가 요새의 역사를 거슬러 올라간다. 흥미진진한 볼거리와 영상자료를 갖춘 박물관이지만, 여행자들의 관심은 온통 그림 같은 도시의 전망을 눈에 담는 데만 쏠려 있다. 깎아지른 듯한 절벽 너머 미끄러져 가는 케이블카에 오르면, 어느새 시내로 빨려 들어간다. 회색빛 노트르담 성당의 스테인드글라스는 햇빛을 받아 화려하게 빛나고, 아돌프 색스 거리와 색소폰 박물관 주변에는 늘 경쾌한 멜로디가 들려온다. '색소폰 다리'로 통하는 샤를 드골 다리를 건너 벨기에를 대표하는 맥주 레페의 뿌리를 찾아나서는 길. 뫼즈 강변을 따라 늘어선 레스토랑과 카페, 자리를 메운 사람들이 눈에 들어온다. 강변의 노천 식당에 나앉아 홍합 요리에 맥주를 곁치는 저들이야말로 디낭을 제대로 만끽하는 중일 테다.

시타델
Citadelle de Dinant

WEB www.citadelledediant.be

뫼즈 강을 따라 형성된 디낭 시내를 한눈에 내려다볼 수 있다. 11세기부터 축조된 이 성채는 거듭되는 전쟁으로 수차례의 파손과 재건이 반복됐는데, 현재 모습은 1818년에 마지막으로 축조된 것이다. 16세기에 만들어진 408개의 계단으로 오르내릴 수 있지만, 여유롭게 케이블카를 타고 도시를 굽어봐도 좋다.

노트르담 성당
Collégiale Notre-Dame de Dinant

ADD Rue Adolphe Sax 1

웅장한 고딕 양식의 교회로 디낭과 왈롱 지방을 상징하는 대표적인 건물이다. 시타델이 있는 절벽 바로 아래 자리하고 있는데, 1227년 낙하한 절벽의 일부가 본래 자리에 있던 예배당을 무너뜨려 같은 자리에 성당이 세워진 것이라고. 로마네스크 양식의 우측 출입구는 당시에 파괴된 예배당에서 유일하게 남겨진 것이다. 눈길을 끄는 둥근 첨탑은 16세기에 추가됐다. 내부에는 유럽에서 가장 크고 화려한 스테인드글라스 창이 있다.

메종 아돌프 색스
Maison Adolphe Sax

ADD Rue Adolphe Sax 37

디낭은 색소폰을 발명한 아돌프 색스의 고향이다. 무료로 개방된 작은 박물관에서는 아돌프 색스의 생애와 색소폰의 원리 등을 보여주고 있다. 그의 이름을 딴 아돌프 색스 거리는 디낭의 중심가로 상점과 레스토랑 등이 몰려 있다.

메종 레페
Maison Leffe

ADD Charreau des Capucins 23
WEB www.leffe.com

1152년 이곳에서 탄생한 벨기에의 대표 맥주 레페 Leffe를 기리기 위한 박물관. 수도원 건물 한편에 마련된 전시실은 오감을 자극하는 인터랙티브한 구성이 인상적이다. 고풍스러운 공간에서 수도원과 레페 맥주의 역사를 보여주는데, 관람은 맥주 시음으로 마무리된다. 이곳에서 좀 더 머물고 싶다면 같은 건물에 마련된 여행자 호텔 라 메르베이외즈 La Merveilleuse에 투숙해도 좋다.

TRIVIA

애비 맥주 Abbey beer

일반적인 맥주 회사가 수도원의 양조 방식을 빌려 생산하는 맥주를 뜻한다. 한마디로 '수도원 스타일 맥주'랄까(물론 양조법 라이선스는 구매해야 하고, 로열티도 별도로 수도원에 지급된다). 생산부터 유통까지 모든 과정을 수도원이 전담하는 트라피스트 맥주와 가장 큰 차이는 대량 생산과 유통이 가능하다는 점. 레페는 수도원에서 탄생한 맥주가 주류 제조사에 의해 대량 생산된 최초의 사례다.

FOOD & DRINK

쿠크 드 디낭
Couque de Dinant

디낭에서 탄생한 전통 과자. 밀가루와 꿀을 1:1로 반죽해 구워내는데, 상상 이상으로 딱딱하므로 잘게 조각 내어 입안에서 녹여 먹어야 한다(참고로 베어 물었다가는 이가 부러질 수도 있다). 식량이 부족한 전쟁 기간에 장기 보관을 위해 만들어진 것으로 6개월 이상 보관이 가능하다.

자콥스 Patisserie Jacobs

1860년에 문을 연, 디낭에서 가장 오래된 과자점이다. 전통 방식으로 만든 쿠크 드 디낭을 구입할 수 있다.

ADD Rue Grande 147

오르발 수도원
Abbaye d'Orval

ADD Orval 1, Florenville
WEB www.orval.be

프루티한 향의 독특한 풍미, 호리병에 담긴 듯 개성적인 디자인의 오르발 Orval 맥주를 생산하는 양조장. 1070년 처음 세워진 이래 1252년 화재, 1637년 30년 전쟁, 1793년 프랑스 혁명으로 전소되면서 수난을 겪었지만, 1926년 수도원 재건 후 지금의 지위를 회복했다. 양조장을 상징하는 물고기 문양은 이 지역의 오랜 전설로부터 유래한다. 백작 부인이 결혼반지를 잃어버렸는데, 송어가 반지를 입에 물고 물가에 나타났다는 이야기다.

양조장에서는 단 한 종류의 맥주만을 생산하는데, 오랫동안 묵힐수록 맛과 향이 좋아진다. 벨기에의 유명 보틀숍이나 바에서 숙성된 오르발 맥주를 판매하기도 한다. 수도원 내부는 입장할 수 없지만 방문객을 위해 옛 수도원 건물과 오르발 맥주의 역사를 보여주는 별도 전시관을 포함한 관광 코스를 제공하고 있다. 수도원 한편엔 자체 생산한 맥주와 치즈, 기념품을 판매하는 상점이 있다. 양조장은 연중 1회(Open Door Days, 매년 9월 중 2일간) 일반에게 공개되는데, 정확한 날짜와 예약 방법은 홈페이지를 통해 확인할 수 있다.

오르발 레스토랑 A l'ange Gardien

수도원 정문 앞에 자리한 현대적인 3층 건물로 레스토랑과 펍, 단체를 위한 세미나 공간 등이 자리하고 있다. 오르발 수도원에서 생산한 치즈와 병맥주를 맛볼 수 있는데, 알코올 4.5%의 잉켈 타입 맥주인 프티 오르발 드래프트는 오직 이곳에서만 맛볼 수 있다.

ADD Orval, Florenville **WEB** www.alangegardien.be

SHORT TRIP

LUXEMBOURG

작지만 강한 나라 룩셈부르크

록밴드 '크라잉넛'의 노래로 우리 귀에 익은 룩셈부르크. 인구 60만 명, 제주도 면적의 두 배에 불과한 작은 도시국가지만 국민소득 12만 달러로 세계 1위 부유국의 위상을 자랑한다. 우리나라에서는 아직 여행지로 널리 알려지지 않았지만 아름다운 중세 요새와 고성, 강 그리고 그 속에 자리한 현대적인 도시가 어우러진 매력적인 풍경을 품고 있다. 벨기에, 독일, 프랑스와 국경을 맞대고 있어 쉽게 오갈 수 있는 것도 장점이다.

GETTING THERE

국경을 마주한 나라들과 버스와 기차가 훌륭하게 연결되어 있다. 룩셈부르크 내부에서 이동할 경우 주요 관광지와 대중교통을 무료로 이용할 수 있는 룩셈부르크 카드를 활용하면 경제적이다.

INFO www.visitluxembourg.com

룩셈부르크 시티
Luxembourg City

성벽으로 둘러싸인 구시가지와 현대적인 고층 빌딩이 공존하는 룩셈부르크의 중심. 로컬 마켓과 다양한 이벤트가 진행되는 광장(아름광장, 기욤2세 광장 등)을 중심으로 수많은 레스토랑과 카페, 명품가, 상점 등이 자리하고 있다.

그란듀칼 궁전 Palais Grand Ducal

본래 1418년 세워진 시청사로, 화재 이후 1573년 르네상스 양식으로 재건되어 대공의 집무실로 사용되고 있다. 궁전이라기엔 소박한 규모지만 근엄한 표정의 근위병이 있어 왕궁의 분위기를 느낄 수 있다. 2시간마다 근위병이 교대하는 모습을 볼 수 있다.

ADD 17 Rue du Marché-aux-Herbes

노트르담 성당 Cathédrale Notre-Dame

1613년에 세워진 후기 고딕 양식의 성당으로 이후 르네상스 양식이 더해졌다. 국가 의식과 왕실의 행사가 진행된다. 화려한 스테인드글라스와 하늘을 찌를 듯한 3개의 첨탑이 인상적이다.

ADD Rue Notre Dame

아돌프 다리 Adolphe Bridge

1900년대 초반 세워진 85m의 석조 아치 다리로 구시가지와 신시가지를 연결하고 있다. 아름다운 계곡과 어우러진 풍경을 배경으로 노을 사진을 찍어보자.

보크의 포대 Casemates du Bock

963년 도시를 보호하기 위해 바위산에 쌓아 올린 요새로 도시의 역사와 시작을 같이하는 의미 있는 장소다. 계속된 증축과 개조로 형성된 벙커는 24km 규모에 이른다. 중간중간 포대가 설치된 구멍으로 룩셈부르크 구시가지를 내려다볼 수 있다.

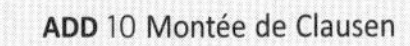

ADD 10 Montée de Clausen

비안덴
Vianden

룩셈부르크 북부 우르 Our 강가에 위치한 마을로 9세기에 형성되었다. 1862년 처음 비안덴을 방문한 프랑스의 시인이자 소설가 빅토르 위고 Victor Hugo는 이 마을에 매료되어 수차례 방문했고, 망명 중이던 1871년 이곳에 머물며 ≪끔찍한 한 해≫를 집필했다. 그가 지냈던 집은 현재 박물관으로 개방되고 있다.

비안덴 성 Château de Vianden

440m 산꼭대기에 서 있는 11세기 고성으로 로마네스크 양식과 고딕 양식이 혼합되어 있다. 갑옷과 무기를 비롯한 다양한 유물들과 중세시대 생활공간을 볼 수 있는 박물관으로 운영 중인데, 성 위에서 내려다보는 마을의 풍경이 특히나 아름답다. 성 입구에서 마을까지 리프트가 운행한다.

WEB www.castle-vianden.lu

모젤 강변
La Moselle

룩셈부르크 남동쪽 독일과의 국경지대인 모젤 강변은 룩셈부르크 최대 와인산지로 완만한 구릉을 따라 아름다운 포도밭이 펼쳐져 있다. 로마 시대부터 이어져 온 포도밭에서 생산되는 품종 중 룩셈부르크를 대표하는 와인은 피노 그리로 만든 화이트와인. 강변을 따라 위치한 와이너리와 레스토랑에서 와인을 즐길 수 있으며 여름철에는 와인산지를 방문하는 유람선이 운항한다.

생 마르탱 Caves Saint Martin

100년의 역사를 자랑하는 와이너리로 약 1km 길이의 지하 동굴에 위치한 셀러가 특히 인상적이다. 와이너리에서 생산하는 와인에 대한 정보는 물론 룩셈부르크 와인, 지역의 역사 등 전반적인 지식을 얻을 수 있다.

ADD 53 Route de Stadtbredimus **WEB** www.cavesstmartin.lu

Nature of the

Netherlands

네덜란드, 자연으로 떠나는 여행

하늘이 갠다.

마음이 바빠진다.

겨우내 내리던 비가 멈추고 나면, 홀연히 봄이 다가온다.

유럽에 살면서 해마다 봄이 시작됐음을 느끼는 것은 바로 슈퍼마켓 전단지로부터다. 청소 도구와 정원 용품의 할인 정보를 담은 전단지가 동네를 돌기 시작하면 사람들은 너 나 할 것 없이 집안의 묵은 먼지를 털어내고 엉망이 된 정원을 손본다. 눈을 돌려 거리를 보면 새 계절을 소요하려는 사람들로 북적거린다. 여행 예약 사이트가 빠르게 마감되는 걸 보면, 같은 마음이리라. 바로 지금이 어디든 떠나야 할 때라는 것을 다들 알고 있는 모양이다.

R

ZOETE MANGO'S
3 stuks voor
ZOETE FRAMBOZEN
AARDBEIEN
PIN
PAPAYA

그리하여 일상의 곁가지 같은, 소박하지만 싱그러운 여행을 계획한다. 향긋한 풀 내음으로 가득한 숲, 동화책에나 나올 법한 전원적인 마을들, 바람 따라 출렁이는 들꽃의 파도를 가로지르는 것만으로도 충만한 여정을. 온 생명이 싹을 틔우는 이 계절 - 대자연의 품에 폭 안기는 것이야말로 유럽의 봄을 즐기는 가장 근사한 방법이 아닐까. 아직은 서늘한 초봄, 조금씩 다가오는 계절을 마중하듯 곳곳을 쏘다녔다. 도시 구석구석까지 스며든 따뜻한 기운은 매일매일 지나던 평범한 풍경에도 은은한 빛을 더했고, 곳곳에서 열리는 크고 작은 축제는 평범한 하루를 좀 더 특별하게 만들어 줬다. "봄볕이 아까우니까, 바지런히 걸어야 해." 스스로를 다독이면서, 걸음걸음을 내딛는 나날이었다.

네덜란드 중북부
Mid-Northern region of the Netherlands

국호는 네덜란드 왕국Kingdom of the Netherlands이다. 독일과 벨기에, 그리고 북해와 국경이 맞닿는다. 네덜란드란 '낮은 땅', 다시 말해 '바다보다 낮은 땅'을 이른다. 영토는 4만 1,526㎢인데, 그중 1/6 가량이 간척지로 이뤄져 있다. 행정구역상 12개 주로 나뉘며, 앞으로 소개할 여정은 중북부의 3개 주인 북홀란트, 남홀란트, 헬더란트를 아우른다.

ROUTE

쾨켄호프(1일) ▶**호허 펠뤼버 국립공원**(2박 3일) ▶**히트호른**(1박 2일) ▶ **텍셀**(2박 3일) ▶**암스테르담**(2박 3일)

TRANSPORTATION

인천공항에서 네덜란드 암스테르담까지 직항(대한항공, KLM 네덜란드항공)이 닿아 있다. 네덜란드는 주요 도시를 연결하는 기차는 물론 버스, 트램, 보트 등 대중교통이 잘 갖춰져 있어 편리하다. 또 세계에서 자전거타기 가장 좋은 나라로 자전거 도로와 관련 시설 및 법규가 훌륭하게 갖춰져 있다.

TRAIN **www.ns.nl**

PUBLIC TRANSPORTATION **www.9292.nl**

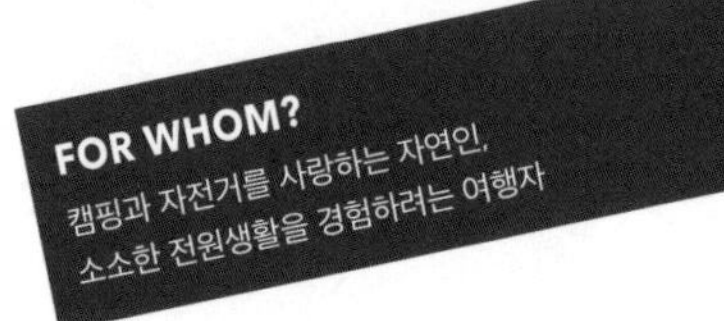

Keukenhof

쾨켄호프

암스테르담에서 남쪽으로 40km 거리에 있는 쾨켄호프는 넓이 30만m²에 달하는 유럽에서 가장 큰 꽃밭이다. 쾨켄호프 꽃축제는 한기가 채 가시지 않은 3월부터 5월까지 진행되는데, 이 기간에는 인근 마을까지도 색색의 화려한 꽃들로 뒤덮인다. 700만 송이 이상의 꽃과 2,000그루 이상의 나무들이 싱그러운 봄의 기운을 뿜어내는 축제를 보기 위해 100만 이상의 방문객이 세계 각지에서 네덜란드를 찾는다고. 해마다 새로운 테마로 열리는 축제는 4월 말 꽃차 퍼레이드와 함께 절정을 맞는다.

Hoge Veluwe National Park

호허 펠뤼버 국립공원

1,700만 평(5,500㏊)에 달하는 네덜란드 최대 국립공원. 자연 그대로의 아름다움을 보존하기 위해 공원 내에서 누구나 자유롭게 이용할 수 있는 자전거와 수많은 캠핑장을 운영하고 있으며, 사슴과 노루, 멧돼지 등의 야생동물을 관찰하는 사파리 투어에도 참여할 수 있다. 계절마다 달라지는 풍경 때문에 언제나 사람들의 발길이 끊이질 않는데, 주말과 휴가철에는 가족 단위 캠핑족이 주를 이룬다. 새 생명이 싹트는 봄, 숲속까지 햇빛이 내려오는 여름, 보랏빛 꽃이 흐드러지게 피는 가을, 온 세상이 하얘지는 겨울…. 언제든 몇 번을 다시 찾아도 늘 새로운 모습으로 맞아줄 네덜란드의 보석 같은 곳.

Giethoorn

히트호른

마을 구석구석으로 퍼져 있는 좁은 수로와 섬처럼 떠 있는 초가지붕 집, 삐걱대는 나무다리로 집과 집 사이를 연결해 놓은 히트호른은 동화 속에나 나올 법한 풍경을 가진 작은 마을이다. 전 세계 어디서나 넘쳐나는 것이 자동차지만 히트호른은 예외다. 마을 안에는 운하를 따라 난 인도와 좁은 나무다리뿐이라 차량 진입 자체가 불가능하기 때문이다. 자동차를 대신하는 마을의 주요 교통수단은 보트로 모터보트를 대여하거나 단체 보트투어에 참여하는 방문자들이 대다수다. 마을 전체를 감싸는 운하는 마을 외곽에 있는 호수와 '비어리븐 비든 Weerribben_Wieden 국립공원'까지 연결된다.

Texel

텍셀

사방으로 시원하게 뻗은 지평선, 바람 따라 움직이는 모래 구릉, 이름 모를 새들이 가득한 늪지대와 양떼들의 놀이터가 된 초원 등 이국적인 풍광이 가득한 텍셀은 네덜란드 북부 서프리지아 제도 West Frisian Islands의 가장 큰 섬으로 섬 전체가 생태보존지역으로 지정되어 있다. 우리나라 여행자들에겐 낯선 지명이지만 네덜란드와 인근 독일, 벨기에 사람들에겐 자연의 아름다움을 만끽할 수 있는 최고의 휴양지로 꼽힌다. 덴 호른 Den Hoorn과 덴 뷔르흐 Den Burg등 섬 안에 있는 7개의 마을에 여행자를 위한 편의시설이 갖춰져 있는데, 여름에는 숙소 예약이 어려울 정도로 인기가 높다. 제주도의 1/4에도 미치지 못하는 작은 섬이라 자전거로 일주하는 이들이 대부분이다. 영화 《노킹 온 헤븐스 도어 Knockin' On Heaven's Door, 1997》의 촬영지이기도 하다.

Amsterdam

암스테르담

암스테르담의 하이라이트는 수백 년간 도시를 품고 있는 운하. 17세기부터 형성된 165개의 운하와 1,500여 개의 다리로 연결된 암스테르담은 여느 유럽의 대도시와는 사뭇 다른 풍경으로 사람들을 맞이한다. '운하의 도시'가 가장 돋보이는 순간은 운하 퍼레이드가 열리는 축제 기간. 특히 왕의 생일인 '킹스데이 King's Day (4월27일)'는 평소 수수한 옷차림의 네덜란드 사람들을 머리부터 발끝까지 오렌지색으로 차려입고 거리로 나오게 하는 봄축제로 유명하다. 운하 퍼레이드와 벼룩시장, 문화 공연이 하루 종일 이어지는 이 대단한 생일 파티는 전국이 들썩일 정도로 큰 규모를 자랑한다.

TRIVIA

암스테르담에서 자전거 타기, 이것만은 기억하세요!

굴곡 없는 평평한 지형에 찻길보다 더 긴 자전거 전용도로가 전국을 연결하는 자전거 천국 네덜란드. 자전거를 타고 암스테르담 구석구석을 여행하려면 이것만은 꼭 기억해 두자.

❶ 핸드 브레이크 대신 페달을 뒤로 돌려 멈추는 페달 브레이크 자전거도 꽤 많다. 대여 시 꼭 확인하자.

❷ 중앙선을 기준으로 차도/자전거도로/인도 순이다. 구분이 없는 도로에선 우측으로 붙어 주행하자.

❸ 좌/우 회전을 앞두고 있다면 수신호는 필수다.

❹ 해가 지면 앞(흰색), 뒤(빨간색) 조명을 켜야 한다. 없으면 벌금!

❺ 주행 중 휴대폰을 사용하면 (손에 휴대폰을 들고만 있어도) 벌금!

KEUKENHOF
쾨켄호프

봄이 왔다기엔 공기가 아직 차갑다. 하지만 무지갯빛으로 출렁이는 꽃들의 바다, 눈앞에서 펼쳐지는 그 황홀한 풍경은 옷 사이로 파고드는 매서운 바람을 잊게 하기에 충분했다. 동서남북 어디를 보아도 탐스러운 꽃송이와 푸르른 기운을 내뿜는 나무들로 가득 찬 유럽에서 가장 큰 꽃밭을 거닐며 온몸으로 봄의 기운을 만끽한다. 전망대위를 오르내리다 쾨켄호프 주변으로 퍼져 있는 화훼 농가를 찾아가 본다. 근사한 인생사진과 멋진 배경이 되어준 꽃을 양팔 가득 안고 돌아서는 길, 성큼 다가온 봄에 발걸음이 가벼워진다.

가는 방법 축제 기간 동안 암스테르담 스키폴 국제공항과 암스테르담 센트럴에서 셔틀버스를 운행한다. 대중교통을 이용하려면 레이든 Leiden 기차역에서 행사장으로 가는 버스나 자전거를 탑승한다.

휘파람 보트
Whisper Boat

쾨켄호프 축제 기간은 연중 겨우 두 달뿐이다. 때문에 넓은 꽃밭은 언제나 사람들로 북적인다. 몰려드는 인파를 피해 조용한 시간을 갖고 싶다면 행사장 내 운하에서 운영되는 휘파람 보트를 탑승하자. 모터 소리조차 나지 않는 전기 엔진 보트가 황홀한 꽃의 세계로 안내할 것이다.

튤립농장 방문하기

쾨켄호프 근처에는 꽃을 재배하는 화훼 농가가 밀집되어 있는데, 친절하게 일반에게 꽃밭을 개방하는 곳이 많아 근사한 인생사진을 남길 수 있다. 쾨켄호프 근처를 돌아보는 가장 좋은 방법은 자전거. 행사장 안팎으로 짧게는 5km, 길게는 25km에 달하는 자전거 도로가 형성되어 있다. 자전거를 달리다 보면 아기자기한 마을과 총천연색 꽃밭, 아름다운 호수와 바다까지 닿을 수 있다.

HOGE VELUWE NATIONAL PARK

호허 펠뤼버 국립공원

숲속에 살고 있는 동물들을 만날 수 있을까 하는 호기심에 아침부터 서둘러 집을 나섰다. 도시락과 돗자리를 챙겨 들고, 오늘 하루 나의 발이 되어줄 자전거 한 대를 신중하게 고르는 것으로 모든 준비를 끝낸다. 흰색 자전거에 몸을 싣고 드넓은 대지를 자유롭게 달린다. 나무가 빼곡한 숲을 지나자 넓은 호수가 나타나고, 사슴들이 뛰논다는 초원의 끝에서 사막에서나 볼 법한 모래 언덕이 등장한다. 숨 고를 시간도 없이 펼쳐지는 아름다운 풍경들이 도무지 지루할 틈을 주지 않는다. 방문자 센터에서 이어진 미니 박물관 '뮤세온더 Museonder'에서 공원의 역사와 생태계에 대한 정보를 얻고, 크뢸러 뮐러 미술관에서 고흐를 비롯한 세계적인 작가들의 주옥같은 작품들을 감상한다. 햇볕이 깃드는 숲속 전시관은 그 자체로 전시된 작품들만큼 아름답다.

가는 방법 국립공원에는 3개의 입구(훈더루 Hoenderloo, 오털로 Otterlo, 스하스베르헌 Schaarsbergen)가 있다. 대중교통을 이용할 경우 거점도시는 아른헴 Arnhem, 아펠도른 Apeldoorn, 에더-바헤닝 Ede-Wageningen으로 모두 오털로 Otterlo 입구를 이용한다.

ATTRACTION

크뢸러 뮐러 미술관
Kröller-Müller Museum

ADD Houtkampweg 6, Otterlo
WEB www.krollermuller.nl

크뢸러 뮐러 부부의 개인 컬렉션으로 개관한 이곳은 국립공원 한가운데 자리하고 있다. 모네, 르누아르, 쇠라, 시냐크, 피카소 등 유명 작가들의 빛나는 작품들을 만날 수 있는데, 암스테르담 고흐 박물관의 뒤를 이어 세계에서 두 번째로 많은 고흐 컬렉션으로 특히 유명하다. 싱그러운 풀냄새와 대형 조각 작품들이 어우러진 실외 조각공원을 거닐면 소풍 나온 기분이 든다.

TO DO

자전거 타기

환경보호를 위해 자동차 도로가 제한되어 있기 때문에 자동차로 국립공원을 둘러보는 것엔 한계가 있다. 대신 방문객에게 무료로 제공되는 1,700여 대의 자전거를 이용할 것. 공원 곳곳에 자리한 자전거 주차장에서 자유롭게 탑승·반납할 수 있고, 다양한 높이에 어린이용, 유아 좌석까지 갖춰진 옵션이 있어 편리하다.

GIETHOORN

히트호른

입구부터 그 흔한 '자전거 대여소'가 아닌 '보트 대여소' 간판이 낯설다. 마을 안쪽으로 이어지는 운하를 따라 찬찬히 걷는다. 잔잔한 수면 위에 전통가옥이 섬처럼 떠 있고, 집들을 이어주는 나무다리 입구에는 귀여운 우체통이 방문객을 반긴다. 외나무다리를 건너야 닿을 수 있는 카페에서 시간을 보내다가, 치즈가게와 기념품숍을 서성인다. 그러고는 작은 보트에 몸을 싣는다. 모험가라도 된 양 지도에 표시된 물길을 따라 뱃머리를 돌려 본다. 마을을 벗어나자, 소들이 풀을 뜯는 초원과 바람 따라 출렁이는 갈대밭을 지나 호수에 닿는다. 이름 모를 새들의 노래와 멀리서 들려오는 사람들의 웃음소리에 마음이 평온해진다. 어느새 물 위로 붉은 노을이 내려앉는다. 다시 뱃머리를 돌려 물길을 거슬러 오른다. 호젓한 하루가 다 저문다.

TO DO

보트 타기

마을 곳곳에서 모터보트를 대여할 수 있다. 보트 대여 시 마을 안팎의 물길을 표시한 지도를 함께 제공하고, 곳곳에 물길을 안내하는 표지판이 있어 어렵지 않게 길을 찾을 수 있다. 햇살이 좋은 날에는 마을 외곽 호수에 있는 섬에 배를 정박하고 소풍을 즐기는 사람들이 많다.

린덴호프
Lindenhof

ADD Beulakerweg 77
WEB www.restaurantdelindenhof.nl

암스테르담에도 몇 개 없는 미쉐린 2스타 레스토랑이 이 작은 마을에 있다는 사실에 반신반의하다가도, 연이어 올려내는 창의적인 요리에 고개를 끄덕이고 만다. 고급스러운 인테리어로 격식을 갖췄지만, 직원들의 서비스가 분위기를 경쾌하게 만든다. 다양한 식재료로 미뢰를 즐겁게 하는 곳.

TEXEL
텍셀

배가 움직이자 쾌청한 바다 바람이 온 몸을 감싼다. 갈매기 떼의 요란한 환영인사를 받으며 눈 앞에 펼쳐진 북해를 바라본다. 혹시 이 바다에 서식한다는 물개를 만날 순 없을까 기대하면서. 강한 섬 바람에 조각 구름 하나 남아있지 않은 하늘과 세상 끝까지 뻗어 있을 듯한 지평선, 털실뭉치처럼 동글동글 귀여운 양떼들이 한가로이 뛰노는 텍셀의 첫 인상. 본토에서 겨우 20분을 달려 왔을 뿐인데 다른 세상에 온 듯 낯설고 새롭다. 야트막한 모래 언덕을 넘으면 푸른 바다가 펼쳐지고, 푸른 숲 속을 걷다 보면 이름 모를 새들이 사람들을 반긴다. 그 속에서 자전거 페달을 밟고 있노라면 불어오는 바람에 하늘까지 날아갈 듯 몸과 마음이 가벼워진다. 텍셀의 자연을 실컷 즐겼다면 이제 덴버흐 마을로 들어갈 차례다. 그 흔한 스타벅스와 맥도날드 대신 텍셀산 식재료로 맛을 낸 레스토랑과 베이커리, 텍셀 특산물을 판매하는 상점이 가득한 마을에는 이곳만의 색채가 짙게 배어 있다.

가는 방법 덴 헬더 Den Helder 페리 터미널에서 텍셀(덴 호른 Den Hoorn 행)로 가는 페리를 탑승한다. 섬과 육지를 연결하는 섬과 육지를 연결하는 페리는 자동차 탑승도 가능한 규모로 약 20분이 소요된다. 많은 여행자들이 섬 안에서 자동차나 자전거를 주로 이용한다. 대중교통은 '텍셀호퍼 Texelhopper'라 불리는 예약제 미니밴과 28번 버스가 있다.

텍셀 섬으로 가는 페리 www.teso.nl **텍셀 호퍼** www.texelhopper.nl

북해 위에 떠 있는 다섯 개의 섬

'프리지아 제도 Frisian Islands (네덜란드에서는 '바덴에인란든 Waddeneilanden'이라고 불린다)'는 유럽 북해 연안에 늘어선 섬 무리로 네덜란드, 독일, 덴마크령으로 구분된다. 해안 갯벌과 독특한 습지 생태계로 유네스코 세계자연유산으로 지정되어 있다. 네덜란드령에 속한 섬은 총 14개, 그중 사람이 거주하는 섬은 5개로 여름마다 사람들의 발길이 끊임없이 이어지는 휴양지다.

1. **텍셀 Texel**
   프리지아 제도에서 가장 큰 섬으로 7개의 마을과 리조트 타운, 각종 편의시설을 갖추고 있다.
2. **플릴란트 Vlieland**
   섬 안에 단 하나뿐인 마을을 조금만 벗어나면 11km 길이의 고운 백사장과 해변이 펼쳐진다.
3. **테르스헬링 Terschelling**
   매년 6월 열리는 우롤 페스티벌 Oerol Festival로 유명하다. 10일의 축제 기간 동안 연극과 음악 공연, 작품 전시로 섬 전체가 들썩인다.
   WEB www.oerol.nl
4. **아멜란트 Ameland**
   섬 중심부에 있는 마을 네스 Nes를 거점으로 들판과 숲을 통과하는 87km의 자전거 길을 따라 섬을 횡단해 보자.
5. **스히르모니코흐 Schiermonnikoog**
   네덜란드 1호 국립공원으로 유럽에서 가장 넓은 해변과 때묻지 않은 자연을 간직하고 있다. 다양한 조류와 물개의 서식지가 넓게 분포되어 있고, 섬의 대부분이 자동차 제한구역(외부인은 자동차를 가져갈 수 없다)이다.

모래 언덕
Nationaal Park Duinen van Texel

위치 섬의 서쪽 해안선을 따라 분포되어 있다.
WEB www.npduinenvantexel.nl

텍셀 섬 서부 해안선을 따라 형성된 지역으로 국립공원으로 지정되어 있다. 사막에서나 볼 법한 모래 언덕이 수평선과 나란히 펼쳐져 있고, 내륙 쪽으로는 습지대와 호수, 숲이 자리하고 있다. 때묻지 않은 자연을 벗삼아 하이킹이나 사이클링, 조류 관찰 등의 다채로운 액티비티를 즐길 수 있다.

에코 마레
Eco Mare

ADD Ruijslaan 92
WEB www.ecomare.nl

동물원이나 수족관 정도로 생각하면 오산이다. 텍셀 주변 바다에 서식하는 물개와 바다사자, 돌고래 등 보호가 필요한 동물들을 구조하고 치료하는 보호센터로 해양생물들이 살아갈 수있는 환경에 대한 연구와 교육활동을 겸하고 있다. 눈이 먼 물개와 어미로부터 버림받은 아기 돌고래가 여유롭게 망중한을 즐기는 모습에 절로 미소가 피어난다.

등대
Vuurtoren Texel

ADD Vuurtorenweg 184, De Cocksdorp
WEB www.vuurtorentexel.nl

텍셀 섬 북쪽 끝에 있는 등대로 1864년에 세워졌다. 118개의 계단을 통해 꼭대기에 오르면 47m 높이에서 텍셀 섬과 시원하게 펼쳐진 바다의 풍경을 파노라마로 감상할 수 있다. 텍셀 섬의 랜드마크로 텍셀 맥주 라벨에도 살포시 등장한다.

캅 스킬
Kaap Skil

ADD Heemskerckstraat 9, Oudeschild
WEB www.kaapskil.nl

텍셀의 역사와 민속을 배울 수 있는 텍셀 민속박물관. 고지도나 선박 모형, 텍셀 앞바다에서 발견한 유물 등 17~19세기 텍셀의 모습을 보여주는 다양한 자료들을 전시하고 있다. 박물관이 있는 마을 아우드스킬드 Oudeschild는 작은 어촌마을로 물개투어 같은 체험 프로그램과 신선한 해산물로 잘 알려져 있다.

TRIVIA

텍셀의 마스코트 물개와 양

텍셀 앞바다에 서식하는 물개와 함께 텍셀의 또 다른 마스코트는 바로 양이다. 텍셀 섬 어디서나 한가로이 풀을 뜯는 양떼를 볼 수 있으니, 얼마나 많은 양들이 살고 있는지는 언급하지 않아도 될 정도다. 덕분에 털실이나, 숄, 부츠 같은 양털로 만든 제품과 양젖으로 만든 아이스크림, 비누, 화장품 등은 텍셀의 특산물 중 하나다. 마을이나 텍셀을 오가는 페리에서도 구입할 수 있다.

라보라
Labora Ijsboerderij

ADD Hollandseweg 2, De Cocksdorp
WEB www.ijsboerderijlabora.nl

텍셀 섬 북쪽 허허벌판 한가운데 자리하고 있지만 언제나 문전성시를 이루는 전설의 아이스크림 가게로 바로 뒤쪽 축사에서 생산한 신선한 우유로 아이스크림을 만든다. 우유를 생산하는 과정이 공개되어 있고 놀이동산을 방불케 하는 놀이터를 갖추고 있어 가족 단위 여행객에게 특히 인기가 좋다.

텍셀 쿠키
Texelse Koeken

커피나 차에 곁들여 먹는 간식으로 계란이나 버터 등 필요한 재료 대부분을 텍셀산을 사용한다. 버터와 설탕을 넣은 도우에 아몬드 필링을 가득 채운 호른더링 Hoornderring이나 텍셀 섬 모양의 과자 Tesselaar가 대표적이다. 커다랗고 묵직해 칼로리가 걱정되지만 달콤, 촉촉, 고소한 것이 의외로 맛있고, 생각보다 달진 않다. 텍셀 섬 내의 슈퍼마켓과 제과점에서 판매한다.

키벨링
Kibbeling

섬 여행에서 해산물 요리가 빠질 수 없는 법. 특히 레스토랑부터 푸드트럭까지 어디서나 부담없이 쉽게 접할 수 있는 메뉴는 대구튀김 키벨링으로 바삭하고 부드러운 것이 그냥 지나치기 힘들 정도다. 다양한 해산물 요리를 맛보고 싶다면 아우드스킬드의 피시마켓De Oude Vismarkt(**ADD** Vlamkast 53, Oudeschild **WEB** www.deoudevismarkt.nl)을 놓치지 말자.

텍셀 브루어리
Texel Brewery

ADD 214 b, Schilderweg, Oudeschild
WEB www.texels.nl

깔끔하지만 부드러운 뒷맛으로 인기있는 텍셀 맥주를 생산하는 양조장(텍셀 모래언덕에서 필터링된 물을 사용한다고). 맥주 생산 공정을 둘러보고 갓 생산한 시원한 맥주로 마무리하는 투어를 운영한다. 신선한 맛의 텍셀 드래프트는 네덜란드에서도 텍셀에서만 맛 볼 수 있다는 사실을 기억하자.

TO DO

해변 산책

새하얀 모래가 깔린 해변을 걷는 것, 텍셀 섬에서는 무엇보다 쉽게 할 수 있는 일이다. 사람들이 즐겨 찾는 해변에는 레스토랑 같은 편의시설을 갖추고 있는데, 데크체어와 파라솔을 구비한 오두막은 일·월요일 혹은 시즌 내내 렌트할 수 있다. 텍셀의 해변은 고유번호가 이름을 대신하는데 '파티 비치'로 통하는 Paal17과 '케이트 서핑의 메카'인 Paal19 해변이 특히 인기가 높다.

TRIVIA

텍셀의 길 위에서 볼 수 있는 특별함, 무인 가판대

텍셀 섬의 마을을 거닐거나 농장 근처를 지날 때 만날 수 있는 특별한 것이 있으니 바로 무인가판대다. 도둑이 거의 없는 (섬 안에 경찰서 건물이 따로 없어 소방서와 동거 중이다.) 평화로운 동네다보니 가격표와 저금통만 놓아둔 무인 가판대를 곳곳에서 찾아볼 수 있다. 농작물이나 홈메이드로 만든 잼과 시럽, 꽃 심지어 집에서 더 이상 사용하지 않는 물건들까지, 판매하는 품목은 꽤 다양한 편이다. 무인가판대에서 생각지 못한 보물을 발견할 수 있으니, 텍셀을 여행할 때는 동전을 넉넉히 준비하자.

스카이다이빙
Skydive

ADD Postweg 128, De Cocksdorp
WEB www.paracentrumtexel.nl

하늘 위에서 새하얀 구름 위로 뛰어내리는 짜릿한 경험, 스카이다이빙. 두려움은 잠시일 뿐 하늘 위에서 바라보는 푸른 바다 위에 점처럼 떠 있는 바덴 제도 섬들의 풍광이 잊지 못할 기억을 선물해 준다. 전문 강사와 함께하는 체험코스부터 정규 훈련 과정까지 갖추고 있으며 경비행기 투어도 함께 진행한다.

AMSTERDAM 암스테르담

렘브란트와 페르메이르, 고흐, 몬드리안 등 네덜란드가 자랑하는 예술가들의 작품들을 실컷 감상했다면, 발길 닿는 대로 아무 운하나 따라 걷는다. 어깨를 나란히 한 캐널하우스, 운하를 따라 흘러가는 보트, 아무렇게나 물가에 걸터앉아 시간을 보내는 암스테르다머의 모습에서 특유의 자유분방한 기운이 흘러나온다. 요르단 지구의 좁은 골목길에 닿았다면 '나만 알고 싶은 공간들'의 목록을 죽 세워보고, 중앙역에서 출발하는 페리에 몸을 실었다면 청춘의 집결지인 암스테르담 북부를 향해도 좋다. 폐자재를 활용한 레스토랑과 카페, 늦은 시간까지 이어지는 라이브 공연이 암스테르담의 밤을 즐겁게 한다. 내일은 테라스 카페에서 광합성을 하고 길거리 시장을 쏘다니다가, 마이크로 브루어리의 특선 맥주로 하루를 마무리해야겠다. 물론, 자전거와 함께다.

박물관지구
Museumplein

국립박물관 www.rijksmuseum.nl
고흐박물관 www.vangoghmuseum.nl
시립박물관 www.stedelijk.nl

17세기 네덜란드 황금시대의 풍성한 회화 컬렉션으로 유명한 국립박물관 Rijksmuseum(라익스 뮤지움), 세계 최대 고흐 컬렉션을 소장한 고흐 박물관 Van Gogh Museum, 19세기 이후 작품들이 주를 이루는 시립박물관 Stedelijkmuseum(스테데릭)이 모여 있는 지역으로 중심부에 넓은 공원이 있어 작품 관람과 휴식을 동시에 즐길 수 있다. 네덜란드가 낳은 세계적인 맥주 브랜드 하이네켄 박물관 Heineken Experience도 근처에 있으니 기억해두자.

요르단지구
Jordaan

암스테르담을 대표하는 운하 프린센흐라흐트 Prinsengracht의 서쪽에서 시작되는 지역. 17세기 폭발적인 인구 증가로 문제가 되던 빈민가였으나 지역 정비 정책에 의해 소규모 갤러리와 박물관, 부티크, 카페와 레스토랑이 문을 열면서 현재는 가장 암스테르담다운 동네가 되었다. 미로처럼 얽힌 요르단의 골목에서 나만의 핫 스폿을 찾아보자.

안네 프랑크 하우스 Anne Frank Huis

히틀러의 나치 정권을 피해 암스테르담으로 이주한 유대계 독일인 안네 프랑크와 그녀의 가족들이 거주했던 집으로 《안네의 일기》의 배경이기도 하다. 좁고 어두운 공간에서 숨죽인 채 살았던 이들이 떠올라 마음이 무거워지는 장소로 늘 세계 각지에서 온 방문객들로 인산인해를 이룬다. 요르단으로 가는 길목에 있다.

ADD Westermarkt 20
WEB www.annefrank.org

북교회 Noorderkerk

17세기 요르단지구가 조성될 때 함께 세워진 교회. 교회 앞 광장에서 열리는 마켓과 암스테르담 최고의 애플파이로 꼽히는 빈컬43 Winkel43이 건너편에 있어 늘 사람들로 북적인다.

ADD Noordermarkt 48

피아놀라 박물관 Pianola Museum

1990년대 초까지 유행하다 사라진 자동 연주 피아노 피아놀라와 악보를 소장한 미니 박물관. 종종 콘서트가 열린다.

ADD Westerstraat 106
WEB www.pianola.nl

NDSM

1980년대 조선소의 폐업으로 버려졌던 항구였으나 현지 예술가들에 의해 탈바꿈하여 현재는 암스테르담에서 가장 힙한 공간이 되었다. 폐자재를 활용해 만든 레스토랑과 카페, 고급 호텔 등이 자리하고 있으며, 유럽 최대 규모의 벼룩시장(아이 할렌 IJ-Hallen)과 라이브 공연 같은 다채로운 행사들이 수시로 진행된다. 문화유산과 박물관을 벗어나고 싶다면 꼭 방문할 것.

플렉 Pllek

컨테이너 박스를 쌓아둔 듯한 외관과 강변을 향해 조성된 인공해변이 인상적인 곳. 레스토랑이라기보다는 문화 공간에 가깝다.

ADD T.T. Neveritaweg 59
WEB www.pllek.nl

파랄다 암스테르담 Crane Hotel Faralda Amsterdam

50m 높이 산업용 크레인을 개조해 만든 호텔로 객실이 단 3개뿐이다. 독특한 콘셉트와 암스테르담 최고의 전망을 감상할 수 있는 곳으로 인기가 높다.

WEB www.faralda.com

영화박물관 EYE Film Museum

ADD IJpromenade 1
WEB www.eyefilm.nl

영화의 역사와 제작 과정을 체험할 수 있는 영화 테마 박물관. 전 세계 독립영화를 상영하는 4개의 상영관(한국영화도 종종 볼 수 있다)과 암스테르담에서 가장 근사한 뷰를 자랑하는 레스토랑, 아기자기한 소품들이 가득한 뮤지엄숍 등의 부대시설이 전시관 자체보다 더 인기가 높다.

FOOD & DRINK

론 가스트로바 Ron Gastrobar

ADD Sophialaan 55
WEB www.rongastrobar.nl

네덜란드의 스타 셰프 론 브라우 Ron Blaauw가 운영하는 미쉐린 1스타 레스토랑으로 캐주얼한 분위기, 대중적이고 친숙한 메뉴, 합리적인 가격대로 인기가 높다. 아시안 음식을 주제로 한 '오리엔탈 Ron Gastrobar Oriental'과 '인도네시아 Ron Gastrobar Indonesia Downtown'도 운영 중이다.

애이 브루어리
Brouwerij 't IJ

ADD Funenkade 7
WEB www.brouwerijhetij.nl

네덜란드에 소규모 브루어리 돌풍을 일으킨 주인공으로 이제는 네덜란드의 바나 레스토랑, 슈퍼마켓에서도 애이 브루어리의 맥주를 맛볼 수 있다. 암스테르담 시내에 있는 브루어리 겸 바에서는 일곱 개의 대표 맥주와 시즌 맥주를 탭으로 즐길 수 있으며, 시간 단위로 내부 투어를 진행한다.

카페 루체
Cafe Loetje

ADD Johannes Vermeerstraat 52
WEB www.loetje.nl

남녀노소, 국적 불문 '인생 스테이크'로 꼽는 곳. 사이드 메뉴 없이 스테이크 하나만 덜렁 놓인 접시를 보고 당황하는 것도 잠시, 바삭한 겉면과 육즙 가득한 속살, 풍미 가득한 소스가 어우러진 맛에 손바닥만 한 스테이크가 순식간에 사라져 버린다. 채식주의자를 위한 베지버거 역시 훌륭한 편. 시내에 여러 지점이 있지만 어디든 사람으로 가득하다는 것이 한 가지 단점.

네덜란드 거리 음식 탐방

내세울 만한 네덜란드 요리는 딱히 없지만 길거리 음식은 꽤나 다양하다. 네덜란드를 대표하는 길거리 음식을 맛보고 싶다면 알버트 카위프 마켓 Albert Cuypmarkt 으로 달려가자.

ADD Albert Cuypstraat

1. **감자튀김 Frites**
   생감자를 바로 튀겨 고깔 모양 봉투에 담아 판매한다. 마요네즈와 케첩을 비롯한 다양한 소스가 맛의 화룡점정. '파탓 Patat'이라고도 부른다.
2. **스트롭와플 Stroopwafel**
   얇은 와플 과자 사이에 캐러멜 시럽을 발라 붙인 과자. 슈퍼마켓에서도 쉽게 구입할 수 있지만 호떡처럼 즉석에서 만들어주는 시장표가 훨씬 맛있다.
3. **포펄처스 Poffertjes**
   호도과자 정도 크기의 미니 팬케이크. 한 접시에 10개 내외를 버터와 슈거파우더를 얹어 내는 게 일반적이다.
4. **하링 Haring**
   소금과 식초, 각종 채소로 만든 소스에 절인 청어. 양파와 피클을 곁들이거나 빵에 넣어 먹는다. 호불호가 나뉘는 음식이지만 꼬리를 들고 통째로 먹는 것이 정석이라고.
5. **키벨링 Kibbeling**
   흰살 생선(보통 대구)에 튀김옷을 입혀 바삭하게 튀겨낸 후, 마요네즈를 베이스로 한 소스에 찍어 먹는다. 바삭바삭, 탱글탱글한 바다의 맛.

TO DO

운하 크루즈

암스테르담을 스케치하듯 둘러볼 수 있는 가장 좋은 방법은 크루즈다. 천장이 유리로 된 보트로 한 시간 정도 시내를 둘러보는 프로그램이 보통인데, 맥주 크루즈나 브런치 크루즈 등 독특한 콘셉트를 가진 상품도 적지 않다. 밤과 낮의 풍경이 사뭇 다르므로 시간대를 다르게 탑승해 보는 것도 방법. 각양각색의 크루즈는 대부분 중앙역 앞에서 출발한다.

TRIVIA

네덜란드 치즈 가이드

만드는 방식과 재료에 따라 각양각색의 맛을 지닌 치즈. 네덜란드에는 맛과 모양, 지역에 따라 수백 종의 치즈가 존재한다. 덕분에 슈퍼마켓이든 시장이든 어딜 가도 넓기만 한 치즈 섹션. 어떤 치즈를 어떻게 골라야 할까?

- 네덜란드 치즈의 대부분을 차지하는 하우다 치즈(a.k.a 고다치즈)는 숙성 기간에 따라 Jong (4주) 〈 Jong Belegen 〈 Belegen 〈 Extra Belegen 〈 Oud 〈 Overjarige (1년 이상)로 분류된다.
- 숙성 기간이 짧을수록 부드럽고 가벼운 맛을, 숙성 기간이 길어질수록 짙은 맛과 고릿한 향을 동반한다.
- +30, +48 등 치즈 포장에 표기된 숫자는 치즈에 포장된 유지방을 의미한다. 숫자가 높을수록 유지방 함량이 높아 맛과 향이 부드러워진다.
- 네덜란드에서는 치즈에 머스터드나 잼 등을 곁들이기도 한다. 오래된 치즈일수록 달콤한 맛과 어울리는데 치즈 숙성 과정에서 생성되는 단맛 때문이라고.

치즈 테이스팅

연간 30톤의 치즈를 생산, 70% 이상을 세계로 수출하는 치즈 생산국답게 네덜란드에는 다양한 치즈 브랜드가 존재한다. 브랜드샵이나 치즈 전문점에서 진행하는 테이스팅 프로그램은 치즈에 얽힌 이야기의 특징을 설명하고 대표적인 치즈와 어울리는 스낵과 주류(음료)를 제공한다.

라이픈나르 Reypenaer

100년 이상 된 나무 웨어하우스에서 인공적인 시스템을 거치지 않고 자연스럽게 숙성시킨 치즈로 유명한 브랜드. 브랜드를 대표하는 6개의 치즈와 이에 어울리는 와인을 제공하는 테이스팅 프로그램은 예약이 필수다.

ADD Singel 182
WEB www.reypenaercheese.com

Julian Alps of

Slovenia

낯선 알프스를 만나러, 슬로베니아

남들은 잘 모르는 여행지를 다녀왔다는 사실, 그리고 나만 알고 있는 비밀의 여행지가 있다는 것에 대해 묘한 희열을 느낄 때가 있다. 낯선 지명 앞에 선뜻 용기가 나지 않더라도, 미지에 대한 호기심은 끊임없이 새로운 곳을 찾고 짐을 꾸리게 하는 힘일지도 모르겠다. "휴가는 어디로 다녀왔어?" 하고 묻는 친구에게 답할 때, 오랜만에 그런 기분을 만끽했던 것 같다.

"슬로베니아, 율리안 알프스Julian Alps!"

동유럽과 서유럽의 경계에 있는 낯선 나라 슬로베니아로 떠난 것은 율리안 알프스의 존재감 때문이었다. 지금까지 알프스를 여행한다고 하면 프랑스나 스위스, 독일을 떠올렸는데, 이 거대한 산맥이 슬로베니아까지 이어진다는 사실을 알게 된 이상, 걸음을 지체하고 싶지 않았다. 해발 2,000m 이상의 고봉, 깎아지른 절벽, 웅장한 폭포에 에메랄드빛 호수를 품은 땅임에도 아직 발빠른 여행자들만 은밀하게 드나들어 '비밀의 알프스'라 불린다는데, 어찌 호기심이 동하지 않을 수 있겠는가.

"알프스가 슬로베니아에도 있다고?"

앞으로 펼칠 이야기는 내 친구의, 그리고 당신의 의구심 앞에 내어 놓는 답과 같다. 숨겨진 보석을 발굴하는 기분으로 떠난 슬로베니아는 기대 이상의 여행지였다. 알프스와 지중해, 카르스트 지형에 이르는 다채로운 자연과 사랑스러운 도시들, 풍성한 와인 문화까지, 그야말로 세상의 모든 아름다움이 전라도(2만㎢)만 한 작은 땅 안에 모두 숨쉬고 있었다. 하루하루 기대하지 않았던, 그래서 더 흠뻑 빠져 누렸던 시간들이 서둘러 다음을 그리게 한다. 이제 막 첫 장을 펼친 책을 밤새도록 읽어 내려가던 순간처럼.

율리안 알프스
Julian Alps of Slovenia

알프스의 청량하고 달콤한 공기를 슬로베니아에서도 느낄 수 있다. 신이 공들여 깎아 놓은 조각처럼 눈부신 고봉들, 초현실적으로 새파란 호수와 폭포의 물빛, 인간의 심연처럼 깊고 장엄한 협곡이 율리안 알프스의 도처에 펼쳐진다. 기묘하고 신비로운 동화 속 삽화처럼 여행자의 마음을 단숨에 사로잡을 풍경이 내내 눈앞을 어른거린다.

ROUTE

블레드(2박 3일) ▶ **트리글라브 국립공원 일대**(2박 3일) ▶ **비파바 밸리**(1박 2일) ▶ **피란**(2박 3일) ▶ **포스토이나**(1박 2일) ▶ **류블랴나**(2박 3일)

TRANSPORTATION

한국에서 슬로베니아로 가는 직항편은 운항하지 않으므로 체코 프라하, 오스트리아 빈, 크로아티아 자그레브 등의 주변 유럽 도시나 러시아, 터키 경유편을 주로 이용한다. 오스트리아, 크로아티아와 함께 여행하는 이들은 주로 육로(버스/기차)로 이동하는 편. 슬로베니아는 작은 나라로 버스로 몇 시간이면 주요 도시 간 이동이 가능하여 일정이 길지 않은 여행자들은 수도 류블랴나를 베이스 캠프 삼아 당일치기 여행을 반복하기도 한다.

BUS www.ap-ljubljana.si TRAIN www.slo-zeleznice.si

TIP
렌터카로 여행하기

슬로베니아는 자동차 통행량이 적고 도로 사정이 훌륭해 렌터카 여행지로도 인기가 높다. 고속도로에 톨게이트가 없고 대신 여행 일정에 맞춰 '비넷 Vignette'을 구입해 차량에 부착해야 한다. 슬로베니아 안에서 자동차를 렌트할 경우 비넷을 포함한 옵션이 대부분이다.

Bled

블레드

'알프스의 눈동자'라 불리는 블레드 호수는 율리안 알프스의 빙하가 흘러들어 형성되었다. 눈 덮인 알프스 고봉들을 배경으로 한가운데 작은 섬을 품은 호수는 당장이라도 어디선가 요정이 튀어나올 것처럼 낭만적이고 몽환적인 분위기를 자아낸다. 슬로베니아에서 가장 유명한 휴양지로 호수 주변으로 유고슬라비아 연방의 대통령 요시프 브로즈 티토 Josip Broz Tito의 개인 별장과 트럼프 대통령을 비롯한 세계 국빈들이 방문하는 5성급 호텔이 자리하고 있다.

Triglav National Park

트리글라브 국립공원

율리안 알프스의 동쪽, 슬로베니아 국토의 4%를 차지하는(840㎢) 슬로베니아의 유일한 국립공원으로 유럽연합 전체에서도 가장 큰 보호구역 중 하나다. 국립공원은 슬로베니아 국기에도 등장하는 최고봉 트리글라브(최고 높이 2,864m) 3봉을 중심으로 거대한 산군을 이루고 있으며, 셀 수 없이 많은 협곡과 계곡, 호수, 동굴, 폭포 그리고 드넓은 숲과 초원 등 원시적인 자연의 아름다움을 그대로 보존하고 있다. '알프스' 하면 흔히 떠올리는 프랑스 샤모니 Chamonix나 스위스 체르마트 Zermatt에 비해 상대적으로 덜 알려져 있다는 것도 트리글라브의 매력 중 하나.

Vipava Valley

비파바 밸리

류블랴나 서쪽, 나노스 산 Mt. Nanos이 굽어보는 비파바 밸리는 가파른 카르스트 지대로 둘러싸인 비옥한 땅이다. 완만한 비탈을 따라 포도밭이 길게 뻗어 있고, 계곡을 따라 흩어진 작은 마을에 자리한 와이너리만 해도 170개가 넘지만 의외로 널리 알려지지 않았다. 비파바 밸리의 가장 큰 특징은 나노스 산에서 불어오는 강한 바람. 매서운 바람에 마을마다 기온차가 생기면서 같은 비파바 밸리 안에서도 마을마다 각기 다른 개성의 와인을 생산한다는 사실. 국제적인 품종 외에 토착 품종인 피넬라 Pinela와 젤렌 Zelen이 주목 받고 있다.

Piran

피란

크로아티아, 이탈리아, 슬로베니아 세 나라를 걸친 이스트라 반도의 최서단에 위치한 피란은 47km에 불과한 슬로베니아의 해안선에 자리한 가장 아름다운 마을이다. 작은 마을에 볼거리라고는 요트들이 정박된 항구와 자동차 진입이 금지된 광장, 베네치아의 흔적이 남아 있는 성당과 종탑이 전부지만 특유의 여유로운 분위기와 아름다운 일몰에 취해 몇 날을 보내는 여행자들이 적지 않다. 천연소금으로 번성한 도시로 오늘날까지 전통 방식을 고수하는 염전을 방문할 수 있고, 이곳에서 생산된 허브솔트나 비누 등은 슬로베니아 기념품으로 인기가 높다.

Postojna

포스토이나

슬로베니아 남서쪽의 크라스 Kras 지방은 석회암 지형을 칭하는 '카르스트 Karst'의 어원이 처음으로 시작된 곳이다. 1만 개가 넘는 석회동굴이 있으며 일반에게 공개된 곳은 15개, 1년 내내 개방되는 곳은 단 3개뿐이다. 그중 가장 유명한 곳은 포스토이나 동굴로 세계에서 두번째로 긴 길이를 자랑한다. 200만 년에 걸쳐 형성된 동굴 안에는 방문객들을 위한 전용열차와 콘서트홀, 우체국 등이 자리하고 있다. 보다 원시적인 모습의 동굴을 탐험하고 싶다면 근교에 있는 스코찬 동굴을 방문하자.

Ljublijana

류블랴나

슬로베니아어로 '사랑스러운'이란 뜻의 류블랴나는 인구 30만 명에 불과한 슬로베니아의 아담한 수도다. 도심을 가로지르는 류블랴니차 강을 기준으로 신시가와 구시가로 나뉘며 구시가지에는 류블랴나 성을 비롯한 중세시대 건물들이 모여 있고, 신시가지는 류블랴나의 심장인 프레셰르노보 광장이 있다. 2016년 '유러피안 그린 캐피털'로 선정된 도시답게 시내 중심가는 차량 진입이 금지되어 있으며 곳곳에 식수대와 공중화장실이 마련되어 있다. 무료로 운영되는 녹색 전기차 '카바리르 Kavalir'는 시민들과 관광객을 위한 류블랴나의 세심한 배려다.

FOR WHOM?

낯선 여행지를 발굴하고픈 호기심 많은 여행자
도시와 산, 호수, 바다까지 어느 하나 놓치기 싫은 욕심쟁이 여행자

BLED
블레드

입구에서 잠시 숨을 고른 뒤 가파른 절벽을 오른다. 수천 년의 역사를 간직한 고성은 에메랄드빛 호수를 감상할 수 있는 가장 좋은 전망대를 사람들에게 내어준다. 율리안 알프스로 둘러싸인 호수의 한가운데 떠 있는 외딴 섬, 어디선가 공주님을 태운 마차가 달려 나온대도 전혀 어색하지 않을 동화 같은 풍경이다. 동화 속 주인공이 되어 보고픈 마음에 나무배에 몸을 싣고 섬을 향한다. 99개의 계단 끝에는 슬로베니아 최고의 결혼식 장소인 성모승천교회가 자리를 지키고 있다. 교회 안에서 누군가 소원의 종을 울린다. 염원을 담은 청아한 종소리가 물결을 타고 호수 어딘가에 살고 있을 신에게 전해지겠지. 조심스레 종의 줄을 잡아당긴다. 이렇게 아름다운 곳에서는 시간도 느긋하게 흘러가게 해달라고.

블레드 섬
Bled Island

에메랄드빛 호수 한가운데 떠 있는 작은 섬. 섬 안에 있는 성모승천교회 The Church of the Mother of God의 종을 울리면 소원이 이루어진다는 동화 같은 이야기가 전해져 방문객들의 발길이 끊이질 않는다. 슬로베니아에서 가장 인기 있는 결혼식 장소로 선착장에서 교회까지 이어지는 99개의 계단을 신부를 안고 오르면 행복하게 산다는 설이 전해진다고. 섬 안으로 가려면 전통 나무배 '플레트나 Pletna'를 탑승해야 하는데, 선착장은 호수 남쪽에서 찾을 수 있다. 모터 대신 사공이 노를 저어 움직이는 배가 꽤 낭만적이다.

블레드 성
Bled Castle

ADD Grajska cesta
WEB www.blejski-grad.si

139m 높이의 절벽에 위치한 슬로베니아에서 가장 오래된 성으로 1004년 처음 세워져 오랜 시간 확장과 재건을 거치면서 지금까지 본래의 자리를 지키고 있다. 청동기 시대부터 지금까지 이 지역에서 발굴된 유물을 전시한 박물관과 16세기에 세워진 고딕 양식의 예배당과 중세시대를 재현한 인쇄소, 대장간, 와인저장소 등이 자리하고 있다. 블레드 호수를 내려다볼 수 있는 전망으로 늘 인기가 높다.

블레드 성 레스토랑 Bled Castle Restaurant

블레드 성 안에 있는 레스토랑으로, 성에서 가장 전망이 좋은 방향에 자리하고 있으며, 슬로베니아 전통 요리와 와인을 포함한 메뉴를 선보인다. 레스토랑의 위치나 음식 맛, 서비스 등을 감안하면 가격대도 합리적인 편. 레스토랑 예약 손님은 입장료 없이 블레드 성에 입장할 수 있으니 사전 예약은 필수다.

ADD Grajska cesta 61 **TEL** +386 (0)4 620 34 44 **WEB** www.jezersek.si/en/locations/bled-castle

빈트가르 협곡
Vintgar Gorge

WEB www.vintgar.si

블레드 호수에서 북쪽으로 4km 거리에 있는 빈트가르 협곡은 블레드를 여행하는 이들에게 가장 인기 있는 반일투어 코스다. 협곡 위를 지그재그로 가로지르는 1,600m의 나무 산책로를 따라 시원하게 떨어지는 폭포와 싱그러운 숲의 기운을 느껴보자. 블레드에서 도보(1시간) 혹은 버스로 이동할 수 있다.

TO DO

트레킹
Trekking

파노라마로 펼쳐지는 블레드 호수의 전경을 감상할 수 있는 세 개의 전망대(Ojstrica, 691m / Mala Osojnica, 685m / Velika Osojnica, 756m)로 가는 숲길은 블레드에서 가장 인기 있는 트레킹 코스다. 코스는 캠핑장 근처에서 시작되며 왕복 3~4시간이 소요된다. 정상 부근은 경사가 급한 편이나 계단이 설치되어 있어 전문장비 없이도 오를 수 있다.

블레드 캠핑장
Camping Bled

ADD Kidričeva cesta 10c
WEB www.sava-camping.com/si/camping-bled

호수 남서쪽에 위치한 캠핑장은 가격대에 따른 다양한 시설로 캠핑족에게 인기가 높다. 캠핑장 정면에 있는 넓은 해변 벨리카 자카 Velika Zaka는 호수에서 물놀이를 즐기려는 이들로 늘 북적인다.

크렘나 레지나
Kremna Rezina

바닐라 크림과 휘핑크림 위에 얇은 페이스트리를 덮은 정사각형의 케이크로 블레드의 명물로 꼽힌다. 입안에 들어오는 순간 사르르 녹아내리는 부드러운 맛은 상상 그 이상이다. 손바닥만 한 크기에 보기보다 달거나 느끼하지 않아 디저트로 제격이다.

지마 Slaščičarna Zima

1880년부터 자리를 지켜온 디저트 전문점으로 달콤한 케이크와 젤라토, 음료 등을 판매한다. 간단한 아침식사나 오후 티타임을 즐기기 좋은 곳.

ADD Grajska cesta 3
WEB www.slascicarna-zima.si

GOING OUT

보힌 호수
Lake Bohinj

'보힌'은 '신의 땅'이란 뜻으로 이름에 얽힌 전설이 있다. 옛날 옛적에 신이 세상 사람들에게 땅을 나눠주었다. 모든 땅을 나눠주고도 땅을 받지 못한 이들이 있었는데, 그들은 아무 불평 없이 묵묵히 자신의 일을 할 뿐이었다. 그들의 성실함과 인내에 감동한 신은 자기 자신을 위해 남겨둔 땅을 그들에게 주었는데, 그 땅이 바로 보힌 호수였다.

'신의 땅'이란 이름처럼 보힌 호수는 신비로운 생명체가 튀어나올 것처럼 오묘한 푸른빛의 호수다. 슬로베니아 최대의 빙하호로 둘레만 12km, 여의도와 비슷한 크기로 호수를 따라 걷기만 해도 4~5시간이 훌쩍 지나간다. 블레드 호수가 동화책에서 튀어나온 듯 아기자기하고 낭만적인 느낌이라면 보힌 호수는 끝이 잘 보이지 않는 거대하고 광활한 자연 그대로의 느낌이다. 휴양지로 명성이 높은 블레드에 비해 조용하고 여유로워 장기간 머물며 시간을 보내는 현지인들에게 특히 인기가 높다.

위치 블레드 호수에서 남서쪽으로 26km 거리로 버스로 40분 거리에 위치한다.

보겔 전망대 Mt. Vogel

1,730m의 보겔 산에 위치한 스키센터로 케이블카를 타고 해발고도 1,535m의 전망대까지 오를 수 있다. 보힌 호수와 호수를 둘러싼 고봉들의 아름다운 풍경을 감상할 수 있다. 여름철(6 ~9월)이 되면 스키 슬로프는 훌륭한 트레킹 코스로 변신한다.

ADD Ukanc 6, 4265 Bohinjsko jezero
WEB www.vogel.si

TRIGLAV NATIONAL PARK

트리글라브 국립공원 일대

마을 어귀부터 눈길을 끌던 바이커 무리가 우리를 뒤따른다. 하늘을 찌를 듯 솟아오른 산봉우리, 끝이 보이지 않는 협곡을 빼곡하게 뒤덮은 숲, 저 멀리 흘러가는 강으로 이어진 계곡…. 차창 밖으로 끊임없이 펼쳐지는 트리글라브 국립공원의 아름다운 경관에 가다 서다를 반복하지만, 누구도 서로를 앞지르지 않는다. 빠른 물자 수송을 위해 만들어진 도로였거늘, 이제는 누구도 속도를 내지 않는 이상한 찻길이 되어 버린 셈이다. 율리안 알프스를 관통하는 산악도로의 끝은 시원하게 흘러가는 소차 계곡으로 이어진다. 바닥이 훤히 들여다보이는 투명한 푸른빛의 강을 따라 저마다의 매력으로 발길을 당기는 크고 작은 마을들. 그 풍경은 몇 날, 며칠 바라만 보아도 지루할 틈을 주지 않는다.

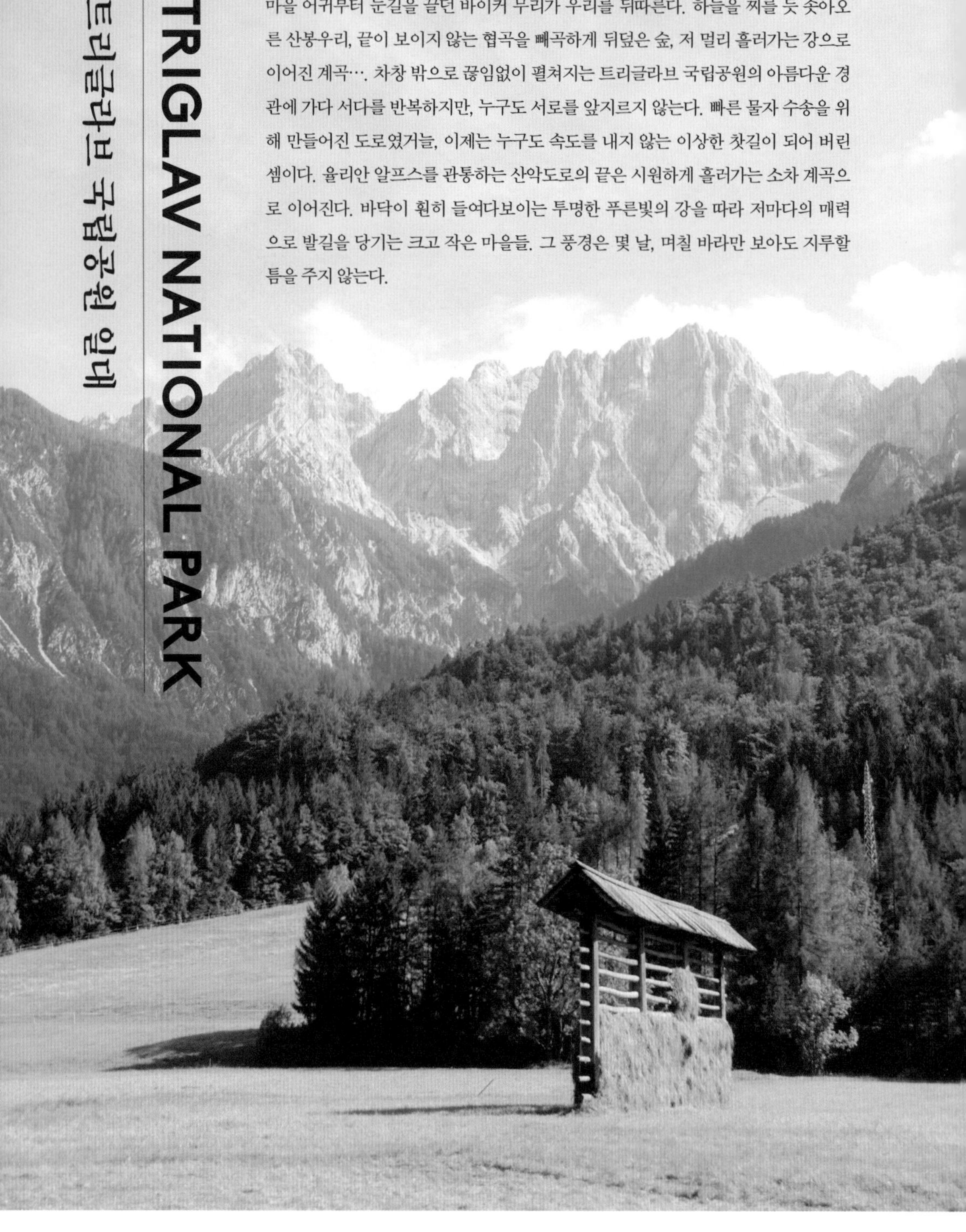

크란스카 고라
Kranjska Gora

트리글라브 국립공원 북쪽, 사바 돌린카 Sava Dolinka 계곡에 위치한 작은 도시로 오스트리아와 이탈리아 국경 부근에 위치한다. 매년 열리는 알파인 스키 월드컵의 개최 도시 중 하나로 겨울에는 스키어들에게, 여름에는 트레커와 캠핑족에게 인기가 높다. 비르스크 패스가 시작되는 길목이라 사이클러와 바이커들에게도 유명하다.

야스나 호수 Lake Jasna

크란스카 고라 남쪽에 위치한 작은 호수. 새하얀 모래밭으로 둘러싸인 푸른 빙하수가 절로 감탄을 자아낸다. 이 지역에 서식하는 산양 Zlatorog 동상은 인기 있는 포토 스폿. 언덕 위쪽으로 펜션 형태 숙박시설을 찾을 수 있다.

비르스크 패스 Vršič Pass

크란스카 고라에서 트렌타 Trenta로 이어지는 약 20km의 산악도로로 율리안 알프스에서 가장 높은 산길이다. 최고 높이 1,611m, 구간 내 고도차는 약 1,000m, 180도로 꺾이는 50개의 급커브를 가진 이 길은 1차 대전 당시 빠른 물자 수송을 위해 러시아 포로들에 의해 만들어졌다(패스 중간에 나무로 만든 러시안 채플이 있다). 눈이 많이 오는 겨울에는 도로 전체가 차단될 정도로 험한 길이지만 전 세계 바이커들의 로망의 길 중 하나로 오토바이나 자전거를 타고 오르내리는 이들을 심심찮게 볼 수 있다. 트리글라브 국립공원을 관통하는 도로로 중간중간 자리한 전망대에서 율리안 알프스의 고봉들을 감상할 수 있다.

보베츠
Bovec

소차 Soča 계곡에 자리한 작은 마을로 머리 위로는 율리안 알프스 고봉들이 펼쳐지고, 발 아래로는 소차 강이 시원하게 흐른다. 래프팅, 카약, 집라인, 캐녀닝 등 액티비티 천국으로 여행자 센터에서 셀프 트레킹 안내도와 현지 여행사 정보를 얻을 수 있다. 영화 《나니아 연대기》의 촬영지이기도 하다.

코바리드
Kobarid

이탈리아와 슬로베니아 국경에 위치한 소도시. 이탈리아어 이름은 카포레토 Caporetto다. 제1차 세계대전 당시 큰 사상자를 냈던 '카포레토 전투(또는 이손초 Isonzo 전투)'의 현장이다. '강물은 맑고 얕으며 흐름이 빨랐다. 하늘색 물빛, 산 정상에 눈이 보인다.' 카포레토 전투를 무대로 한 소설, ≪무기여 잘 있거라≫ 에서 헤밍웨이는 코바리드를 이렇게 묘사한 바 있다.

코바리드 박물관 Kobarid Museum

제1차 세계대전 당시 65만 명의 사상자를 낸 카포레토 전투의 역사적 배경과 당시 사용된 군사지도와 소지품 등을 전시한 박물관. 아군과 적군이 아닌 전쟁이란 비극에 희생된 군인들의 사진이 마음을 무겁게 한다. 역사에 대한 반성의 의미가 담긴 곳.

ADD Gregorčičeva ulica 10, Kobarid **WEB** www.kobariski-muzej.si

이탈리안 납골당 Italian Charnel House

제1차 세계대전에서 전사한 이탈리아 군인 7,014명의 유해가 묻혀 있는 곳으로 1938년 베니토 무솔리니 Benito Mussolini에 의해 만들어졌다. 층층이 쌓아 올린 독특한 모양의 납골당 꼭대기에서 코바리드 시내와 주변 풍경을 파노라마로 감상할 수 있다.

ADD Pot na gradič, Kobarid

톨민
Tolmin

매년 7~8월이면 시끌시끌해지는 소도시. 특히 록 페스티벌과 패러글라이딩 같은 젊은이들의 즐길거리가 도처에 널려 있다. 주변 대도시를 연결하는 대중교통이 발달되어 있고 여행자 숙소와 편의시설이 잘 마련돼 있다.

톨민 계곡 Tolmin Gorges

빈트가르 협곡과 함께 슬로베니아 협곡 트레킹의 양대 산맥. 빈트가르 협곡보다 방문객이 적어 보다 여유롭게 트레킹을 즐길 수 있다. 깎아지른 계곡면 사이에 자리한 크고 작은 폭포와 동굴, 힘차게 흘러가는 푸른 물길을 따라가는 코스는 톨민 시내까지 이어진다.

ADD Zatolmin 66a, Tolmin

VIPAVA VALLEY
비파바 밸리

계곡을 따라 달린다. 아름다운 호수를 옆에 끼고 언덕을 오르내리면 고딕풍 교회와 테라코타 지붕을 얹은 집들이 오밀조밀 모여 있는 마을에 닿는다. 마을에서 유독 눈길을 끄는 것은 크고 작은 와이너리 간판들. 이름도 낯선 작은 와이너리에 멈춰 서자 와이너리의 오너이자 양조자가 포근한 미소로 우리를 맞이한다. 함께 포도밭을 거닐고 와이너리를 둘러본 뒤 와인 잔을 기울인다. 정형화된 테이스팅 프로그램 대신 슬로베니아란 나라에 대한 이야기, 여행 이야기, 와인 양조자로서의 삶에 대한 이야기를 나누다 보니 자연스레 슬로베니아 와인과 느긋한 분위기에 한껏 취하고 만다.

틸리아 와이너리
Tilia Estate

ADD Potoče 41, Dobravlje
WEB tiliaestate.si

1994년에 문을 연 소규모 와이너리로 오너 마티야스 Matjaž Lemut 씨의 가족들이 운영하고 있다. 피노누아, 샤도네이, 멜롯 등 다양한 품종의 포도로 와인을 생산하지만 슬로베니아 최고의 피노누아 와인으로 유명하다. 방문객을 위해 만들어진 테이스팅 프로그램은 없지만 운영시간에 맞춰 방문한다면 와이너리 내부 견학과 테이스팅, 구매가 가능하다.

슬로베니아 와인

슬로베니아는 2,000년 이상의 와인문화를 가진 와인 생산국으로, 흔히 프랑스의 대표적인 와인과 미식의 지방 부르고뉴 Bourgogne와 비슷한 기후와 토양을 가지고 있다는 평가를 받는다. 샤도네이, 소비뇽 블랑, 피노누아 등 국제적인 품종을 포함한 52종 이상의 포도를 재배하며 전국적으로 3만 개 이상의 와이너리가 있지만, 아직 우리나라에는 상당히 낯선 존재다. 대부분의 와이너리가 가족 단위의 소규모 와이너리로서 생산량이 적고 자국 소비량이 많아 수출되는 물량이 많지 않은 까닭이다. 말인즉슨, 슬로베니아를 방문하지 않는 이상 슬로베니아 와인을 접하기 힘들다는 뜻이다. 슬로베니아를 여행한다면 아는 사람만 마신다는 슬로베니아 와인을 꼭 맛보도록 하자.

슬로베니아의 와인 생산지

1. 포드라브예 Podravje (포드라브스카 Podravska)

북동부의 생산지로, 가장 긴 역사와 많은 생산량을 자랑한다. 화이트와인을 주로 생산(전체 생산량의 97%)하며 드라이한 와인, 스파클링 및 디저트 와인의 품질이 뛰어나다. 또 귀부화된 포도로 만드는 달콤한 와인은 옆 나라 오스트리아와 헝가리의 라이벌이 되기 충분한 수준이다. 대표적인 도시는 세계에서 가장 오래된 포도나무가 있는 마리보르 Maribor다.

2. 프리모르슈카 Primorska

앞서 소개한 비파바 밸리의 틸리아 와이너리가 바로 이 지역에 속한다. 이탈리아 국경과 인접한 지역으로 아드리아 해와 알프스의 영향을 동시에 받아 향기롭고 드라이한 화이트와인과 레드와인을 동시에 생산한다. 화이트와인이 주를 이루나 일부 카르스트 지대에서 '테란 Teran'이란 이름의 짙고 드라이한 레드와인의 생산량도 높은 편. 최근 인위적인 기술을 최대한 자제한 내추럴 와인(혹은 오렌지 와인)의 생산지로 떠오르며 유명세를 타고 있다.

3. 포사브예 Posavje (포사브스카 Posavska)

남동부 지역으로, 세 곳의 생산지 중 규모가 가장 작다. 유일하게 화이트와인보다 레드와인으로 유명하며, 대표 와인은 츠비첵 Cvicek이라 불리는 낮은 도수의 핑크빛 와인이다.

PIRAN 피란

어느 아침, 느릿한 걸음으로 타르티니에브 광장엘 향한다. 고아한 중세시대 건물들 사이에서 벼룩시장이 한창이다. 발품을 팔아 마음에 드는 챙 넓은 모자를 발견했다. 모자로 뜨거운 피란의 태양을 가리고는 그대로 해변으로 직행, 긴 해안선을 따라 마음에 드는 곳에 자리를 편다. 그곳이 곧 나를 위한 자리다. 그럴싸한 편의시설은 찾아볼 수 없지만, 줄지어 늘어선 카페와 레스토랑만으로도 충분하다. 서늘한 바람이 불어오면 빛 바랜 파스텔 톤 건물이 다닥다닥 붙어 있는 뒷골목 탐방을 시작한다. 주택가를 지나 외로이 언덕을 지키는 성벽에 닿는다. 그러고는 허물어진 성벽 위에 조심스레 자리를 잡는다. 짙푸른 바다 위로 삐쭉 솟아나온 마을의 주황색 지붕들이 커다란 모자이크 작품처럼 어른거린다.

TIP

차량 진입이 금지된 피란 구시가지

피란 구시가지는 거주자 차량 외에 진입이 불가하다(최대 15분만 진입 가능). 때문에 렌터카 여행자의 경우 마을 입구 공영주차장 Garage Fornače에 주차한 후 무료 셔틀버스나 도보로 구시가지까지 이동해야 한다.

타르티니에브 광장
Tartinijev Trg

대리석 바닥에 파스텔톤 건물들로 둘러싸인 광장은 피란 구시가의 중심이다. 자동차 진입이 금지되어 중세시대의 모습 그대로를 보존하고 있다. 피란 출신의 세계적인 작곡가이자 바이올리니스트인 주세페 타르티니 Giuseppe Tartini(1692~1770)의 이름을 딴 곳으로 광장 중앙에 그의 동상이 세워져 있다. 동쪽으로 1818년에 지어진 성 베드로 교회와 타르티니 하우스, 서쪽으로는 시립홀과 여행자 센터가 자리하고 있다. 상점과 카페, 레스토랑이 밀집되어 있고 벼룩시장이나 문화행사가 수시로 진행되어 사람들의 발길이 끊이지 않는다.

성 조지 대성당 & 종탑
Župnijska cerkev sv. Jurija

ADD Via Primož Trubar 18a

1344년 처음 세워진 교회 터에 17세기 초 바로크 양식으로 건설되었다. 내부는 작은 박물관으로 꾸며져 있으며 교구들과 지하 묘지 등을 포함하고 있다. 성당 옆에 서 있는 46.5m의 종탑은 1609년 베네치아의 산 마르코 종탑을 모델로 하여 만들어졌다. 147개의 계단을 오르면 타르티니에브 광장과 마을, 항구의 전망을 감상할 수 있다.

피란 성벽
Walls of Piran

ADD Ulica IX. korpusa
WEB www.wallsofpiran.com

15~16세기 피란 반도를 보호하기 위해 쌓아 올린 성벽. 합스부르크 왕가 지배 당시 대부분 파괴되고 현재는 200m 정도가 남아 있다. 성벽 위에 오르면 오렌지색 지붕을 얹은 피란 구시가지와 새파란 아드리아 해의 풍경을 파노라마로 감상할 수 있는데, 일몰 포인트로 특히 인기가 높다.

TO DO

해변에서 일광욕

마을 입구부터 해안선을 따라 공영 해수욕장이 자리한다. 대부분이 콘크리트 플랫폼으로 되어 있어 일광욕을 즐기는 이들에게 인기가 높고, 마을 초입(항구 남쪽)의 자갈로 이뤄진 포르나체 해변 Beach Fornače은 가족 단위 여행자들에게 인기가 높다. 피란에서 해변을 따라 남쪽으로 5~10분 거리의 포르토로즈 Portorož는 현대적인 리조트타운으로 다양한 편의시설을 갖춘 공영비치를 쉽게 찾을 수 있다.

세초블레 염전 생태공원 산책
Krajinski Park Sečoveljske Soline (KPSS)

ADD Seča 115, 6320 Portorož
WEB (생태공원) www.kpss.si / (스파) www.thalasso-lepavida.si

인공적인 가공 없이 바닷물과 바람, 햇빛만으로 소금을 만드는 염전. 700년이 넘은 전통 방식 그대로 재배하는 피란의 청정 소금은 풍부한 미네랄을 함유해 맛은 물론 미용적인 효과가 뛰어나다. 친환경 전기차를 타고 소금밭을 둘러보며 소금의 생산과정을 볼 수 있고 박물관, 카페, 기념품숍 등의 시설을 이용할 수 있다. 색다른 체험을 원한다면 염전 안에 있는 노천 스파 Lepa Vida에 도전해보자.

피란 천일염 Piranske Soline

허브솔트, 초콜릿, 비누 등 전통 방식으로 생산한 피란의 소금으로 만든 다양한 제품을 판매한다. 고기요리에 제격인 허브솔트와 미용비누는 기념품으로 인기가 높다고. 타르티니에브 광장뿐 아니라 슬로베니아 주요 도시에서 빨간 타원형 로고의 매장을 찾을 수 있다.

ADD Ulica IX. korpusa 2 **WEB** www.soline.si

POSTOJNA
포스토이나

순식간에 찾아온 냉기에 몸이 잔뜩 움츠러진다. 서늘한 기온과 어둠에 조금씩 익숙해지자 땅속에 존재하는 새로운 세상이 조금씩 눈에 들어온다. 크기도 모양도 다른 석순들이 아무렇게나 솟아 있는 바닥과 당장이라도 물이 쏟아져 내릴 것처럼 휘몰아치는 천장 무늬에 다른 행성에라도 온 듯한 기분이다. 수천, 아니 수만 년의 세월 동안 조금씩 자라 맞닿은 석주의 섬세한 아름다움에 감탄사만 끊임없이 내뱉을 뿐이다. 출구가 보이지 않는 어두운 공간에서 공포와 스릴을 동시에 느끼며 가이드와 일행을 뒤따른다. 흐르는 물과 시간이 만들어낸 지하세계와 그 속에 살고 있는 낯선 생명체를 마주하니 대자연의 위대함에 절로 겸손해진다.

포스토이나 동굴
Postojnska Jame

WEB www.postojnska-jama.eu/sl/postojnska-jama

현재까지 알려진 길이 21km, 세계에서 두 번째로 긴 석회 동굴로 여전히 탐사가 진행되고 있다. 17세기에 최초로 발견됐고, 1819년에야 일반에게 공개됐으며 오늘날에는 5km 구간까지 개방되어 있다. 놀이동산을 연상시키는 동굴열차를 타고 65m 지하로 이동한 뒤 도보로 돌아볼 수 있는데, 오랜 세월 동안 자연이 만든 거대한 작품에 대한 놀라움과 '피사의 사탑', '도마뱀', '스파게티' 등 재미있는 이름의 석회암을 찾아내는 즐거움이 있다. 동굴 안에서만 서식한다는 도롱뇽 '올름 Olm'도 꼭 만나볼 것. 전 세계 여행자들이 몰리는 곳인 데다 지정된 시간별로 가이드 인솔 하에만 방문할 수 있으므로 예약을 권장한다. 동굴 안은 늘 10도 이내를 유지하므로 따뜻한 옷을 준비하는 것이 좋다.

프레드야마 성
Predjamski Grad

WEB www.postojnska-jama.eu/sl/predjamski-grad

123m에 이르는 절벽의 허리께, 마치 자신이 절벽의 일부분인 양 비죽 솟아오른 프레드야마 성은 세계에서 가장 큰 동굴성으로 알려져 있다. 12세기에 처음 지어졌고, 몇 번의 재건을 거쳐 16세기에야 지금의 모습을 갖췄다. 이 성이 난공불락의 요새가 될 수 있었던 것은 성의 뒤쪽에서 동굴로 연결된 비밀통로 때문이다. 동굴을 통해 마을로 이동할 수 있어 기본적인 물자를 제공받을 수 있었던 까닭이다. 중세시대 생활상을 재현한 성의 내부는 예배당, 감옥, 법정 그리고 동굴로 이어지는 통로 등이 그대로 남아 있다. 성에 얽힌 가장 흥미로운 이야기의 주인공은 15세기 성주였던 에라젬 루에거 Erazem Lueger 남작인데, 그는 부잣집을 털어 가난한 사람들을 도왔던 홍길동 같은 인물로 수배 기간 동안 이 성에서 비밀통로로 물자를 공급받아 1년 이상 숨어 지냈다고 한다. 내부 고발자에 의해 성의 가장 취약점(외부에 드러난)인 화장실에서 죽음을 맞았다고 전한다. 포스토이나 동굴에서 9km 거리에 위치하며, 통합 입장권으로 두 동굴을 함께 방문하는 이들이 많다. 둘 사이를 오가는 셔틀버스도 운행된다.

스코찬 동굴 투어
Škocjan Jame

유네스코 세계자연유산에 등록된 스코찬 동굴은 포스토이나 동굴의 유명세에 가려져 있지만, 슬로베니아 현지 사람들에겐 포스토이나 동굴보다 인기 있는 여행지다. 거대한 협곡이 숨겨져 있는 신비로운 동굴뿐 아니라 동굴 주변에 형성된 트레일을 따라 트레킹을 즐길 수 있기 때문이다.

스코찬 동굴은 지정된 시간별로 가이드 인솔 하에 방문할 수 있다. 투어는 모두 도보로 진행되며 시간은 코스에 따라 2~4시간이 소요된다. 동굴 속 생태계 보호를 위해 내부 조명을 최소화하고 있으며 사진 촬영이 일절 금지되어 있다. 아름다움을 카메라로 담지 못하는 것이 아쉬울 수 있지만, 덕분에 동굴 자체의 아름다움에 더 집중할 수 있게 된다. 스코찬 동굴의 하이라이트는 수메차 동굴 Sumeca Jama. 동굴 속 100m 깊이에 형성된 협곡과 어디론가 흘러가는 물소리를 들으며 40m 높이에 떠 있는 다리를 건너고 있노라면 자연의 경이로움과 두려움이 동시에 밀려온다. 바닥부터 천장까지, 오랜 시간 흐르는 강물이 만들어낸 거대한 작품은 은은한 불빛에 신비로움을 더한다.

ADD Matavun 12, Divača
WEB www.park-skocjanske-jame.si
위치 포스토니아에서 25㎞ 거리에 있다. 디바차 Divača 기차역과 동굴 입구 사이에 무료 셔틀버스가 운행된다. 투어 일정과 셔틀버스 운행 시간이 매월 변경되니 출발 전 홈페이지에서 상세 시간표를 확인하는 것이 좋다.

© Park Skocjanske

LJUBLJANA
류블랴나

줄지어 늘어선 가판대 위에 근교 농장에서 공수한 신선한 식재료가 가득하다. 알록달록하고 이국적인 채소와 과일을 구경하며 활기찬 아침을 시작한다. 시장을 빠져나와 류블랴니차 강변을 거닌다. 네 마리의 용이 지키는 용의 다리, 연인들의 자물쇠가 잔뜩 걸린 푸줏간 다리, 그리고 세 개의 비대칭 다리인 삼중교를 차례로 지난다. 삼중교를 건너면 류블랴나의 중심 프레셰르노브 광장에 닿는다. 광장에 숨어 있는 슬로베니아의 시인 프레셰렌과 율리아의 사랑 이야기, 드라마《디어 마이 프렌즈》에 등장해 한국 여행자들에게 유명해진 핑크빛 프란체스카 성당이 낭만적인 정취를 만든다. 타박타박 구시가를 걷다가 류블랴나 성에 오른다. 붉은 지붕들 사이로 흐르는 에메랄드색 강과 그 위로 이어진 다리를 느긋하게 오가는 사람들을 내다본다. 성 위에서 바라본 이 도시, 더없이 평온하고 사랑스럽다.

류블랴나 성
Ljubljanski Grad

ADD Grajska Planota 1
WEB www.ljubljanskigrad.si

구시가지 동쪽 375m 높이 언덕 위에 자리한 류블랴나 성은 켈트시대 이전부터 자리했다고 전해지나 1511년 지진 이후 현재의 형태로 재건되었다. 성 자체는 무료지만 내부에 있는 역사박물관, 전망탑, 예배당 등에 입장할 때는 입장료를 지불해야 하는데, 전망탑 위에 오르면 류블랴나 시가지를 한눈에 내려다볼 수 있다. 시내에서 성으로 가는 방법은 푸니쿨라, 여행자용 전기기차 그리고 도보가 있다.

중앙시장
Osrednja Ljubljanska Tržnica

위치 보드니코브 광장 Vodnikov trg 주변. 노천시장과 실내시장, 생선시장 아케이드로 나뉜다.

신선한 채소와 과일은 물론 육류와 생선, 농민들이 직접 생산한 수제 치즈와 꿀, 버섯 등 전국 각지에서 생산된 온갖 식재료가 한데 모이는 노천시장으로 아침마다(일요일, 공휴일 제외) 트로모스토베와 용의 다리 사이에서 열린다. 북적이는 인파 속에서 활기찬 아침을 맞이할 수 있다.

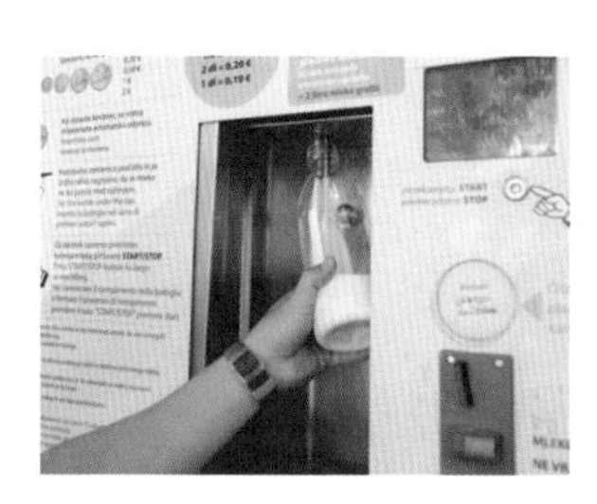

TIP

중앙시장의 명물, 우유 자판기 MlekOmat

류블랴나 중앙시장에서 눈길을 끄는 독특한 기계는 바로 우유 자판기 MlekOmat다. 낙농가에서 생산한 신선한 우유를 기계에 채워 넣으면 소비자가 필요한 만큼 구입해 가는 방식으로, 맛도 좋고 가격도 저렴해 인기가 높다. 시중에 유통되는 우유보다 고소하고 신선한 데다 공병을 재활용할 수 있으니 친환경적이다. 류블랴나에선 차나 커피 대신 신선한 우유 한 잔 어떨는지.

프레셰르노브 광장
Prešernov Trg

류블랴나의 배꼽. 슬로베니아를 대표하는 낭만파 시인 프란체 프레셰렌 France Preseren을 기념하기 위해 형성됐다. 광장 중심에 프레셰렌의 동상이 있는데, 그의 시선을 따라가면 그가 생전에 짝사랑했던 여인 율리아 프리미츠 Julia Primic 저택에 새겨진 흉상을 만날 수 있다. 핑크빛의 성 프란체스코 성당, 19세기 지식인들이 즐겨 찾던 카페 '센트랄라 레카르나'의 흔적(지금은 약국으로 쓰인다), 신시가와 구시가를 연결하는 W 모양의 토로모스토베 Tromostovje(삼중교, Triple Bridge) 등 눈길을 끄는 건축물들로 둘러싸여 있다.

TRIVIA

류블랴나의 가우디, 요제 플레츠니크

바르셀로나에 가우디가 있다면 류블랴나에는 요제 플레츠니크 Jož Plečnik(1872~1957)가 있다. 슬로베니아 국민들이 가장 사랑하는 건축가로 1895년 대지진으로 폐허가 된 류블랴나의 주요 건물들을 재건했다. 류블랴나에 유독 19세기 아르누보 양식의 건물들이 많은 까닭이다. 그 유명한 삼중교 토로모스토베 Tromostovje, 연인들의 자물쇠가 잔뜩 걸려 있는 푸줏간 다리 Mesarski most, 운치 있는 야외극장 크리잔케 Križnke, 류블랴나 대학 도서관, 오픈 마켓으로 쓰이는 플레츠니코베 아르카데 Plečnikove Arkade와 류블랴니차 강둑까지. 그의 흔적은 루블랴나에서 가장 아름다운 곳곳에 올올이 새겨져 있다.

류블랴나 대성당
Katedrala Ljubljana

ADD Dolničarjeva ulica 1

13세기부터 자리를 지켜온 대성당은 18세기 두 개의 첨탑이 추가되면서 오늘날의 모습을 갖췄다. 소박한 외관과 달리 대리석과 금빛의 실내장식, 프레스코 벽화로 가득 찬 화려한 내부를 자랑하는데, 성 니콜라스의 생애를 담은 천장화가 특히 인상적이다. 또, 이 성당의 문은 슬로베니아의 기독교 역사를 보여주고 있는데, 정문은 1996년 교황 요한 바오로 2세의 방문을, 남쪽 문은 성당 발전에 공헌한 6명의 주교가 예수를 바라보는 모습을 표현하고 있다.

TRIVIA

용이 잠든 도시, 류블랴나

용의 다리 Zmajski most를 휘감은 네 마리의 용, 도시의 문장, 그리고 시청 꼭대기까지. 류블라냐 어디서든 쉽게 만날 수 있는 용은 류블랴나의 상징이다. 이는 그리스 신화 속 영웅 이아손 Iason이 류블랴니차 Ljubljanica River 강변에 살던 용을 물리치고 도시(지금의 류블랴나)를 세웠다는 전설이 전해지기 때문이다. 물리쳐야 하는 용이 도시의 아이콘으로 거듭난 데엔 이유가 있다. 이 지역에서는 용이 힘과 용기의 상징물로 여겨지기 때문. 여러모로 류블랴나 사람들에게 용은 각별한 존재다.

FOOD & DRINK

크라니스카 크로바사
Kranjska Klobasa

다진 돼지고기에 소금과 후추, 마늘과 향신료 등을 넣어 양념한 슬로베니아 전통 소시지로 짭조름하면서도 농밀한 풍미로 남녀노소 누구에게나 인기가 높다. 주로 굽거나 데친 뒤, 양배추를 절여 발효시킨 자우어크라우트 Sauerkraut(독일식 피클. 슬로베니아에서는 김치처럼 곁들임 음식으로 즐긴다)와 빵을 곁들이거나 머스터드 소스와 함께 가볍게 먹는다.

크로바사르나 Klobasarna

크라니스카 크로바사를 집중적으로 선보이는 작은 스낵 바. 전통 수프와 함께 가벼운 식사 혹은 간단한 맥주 안주로 크로바사를 즐길 수 있다. 절인 양배추를 넣은 시큼한 맛의 수프 요타 Jota와 보리와 채소들로 끓인 수프 리쳇 Ricet, 롤케이크과 비슷한 디저트 포티차 Potica 등 대부분의 메뉴가 슬로베니아를 대표하는 전통 음식이다.

ADD Ciril-Metodov trg 15
WEB www.klobasarna.si

TO DO

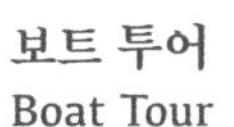

보트 투어
Boat Tour

위치 (출발지) Ladjica, Cankarjevo nabrežje 2

도시 한가운데를 관통하는 류블랴니차 강 위를 흘러가며 도시 전체를 감상할 수 있는 투어. 특색 있는 다리들과 강변을 따라 늘어선 옛 건물들을 감상하고, 늦은 오후부터는 강변 레스토랑과 바를 찾는 사람들의 취흥을 함께 느끼기 좋다.

Romance of

Dalmatia

Croatia

크로아티아 달마티아, 은둔형 여행자의 낙원

알람 소리에 잠을 깬다. 스마트폰에서 쏟아져 나오는 불빛에 눈을 가늘게 뜨고 메신저 내용을 확인한다. 언젠가부터 화장실에 갈 때도 식사를 할 때도 하루 종일 내게 가장 가까이 있는 것은 스마트폰이다. 평일에는 쏟아지는 이메일과 메신저에 치이고, 일이 없는 주말에도 무언가를 해야 한다는 강박관념에 스마트폰의 포위망에서 벗어나는 것은 쉬운 일이 아니었다. 모든 일상이 늘 인터넷망을 타고 전국 아니 세계 곳곳으로 생중계되고 있었으니 혼자만의 시간도, 의지대로 움직이는 일도, 진정한 의미의 휴식도 사라져 버렸다. 아이러니하게도 이 모든 것을 반납한 사람은 나 자신이었다. 오롯한 '무위'의 휴가를 갈망하게 된 건 그래서다.

KORCULA
SHOP

우주여행이 현실로 다가오는 21세기, 아무도 모르는 곳으로 사라져 버리는 것은 사실상 불가능할 터. 그러다 문득 눈길을 사로잡은 것은 아드리아 해에 점처럼 떠 있는 섬들이었다. 크로아티아 남서부 아드리아 연안인 달마티아 Dalmatia 지역에는 무려 500개가 넘는 섬들이 있다. 상당수가 무인도로 근처 다른 섬을 통해서만 접근이 가능하다. 손바닥만 한 섬에서 보내는 휴가는 꽤나 풍요로웠다. 로빈슨 크루소라도 된 듯 작은 모터보트에 몸을 싣고 섬을 떠돌다, 마음 가는 곳에 자리를 편 채로 한없이 나태한 시간을 보냈다. 그러고는 맨발로 거리를 누볐다. 들려오는 음악에 엉터리 리듬을 타고, 태초의 인류로 돌아간 양 누드비치에 과감히 발을 내디뎠다. 타인의 시선으로부터 자유로워졌고, 온몸이 홀가분했다. 불안정한 스마트폰 시그널은, 이 은둔 생활을 완벽하게 만들어줬다.

달마티아 Dalmatia

달마티아 Dalmatia는 크로아티아 남서부 아드리아 연안 지역을 일컫는다. 이곳엔 500여 개의 크고 작은 섬들이 아름답게 늘어서는데, 덕분에 크로아티아 여행의 하이라이트로도 잘 알려져 있다. 이탈리아와는 아드리아 해를 사이에 두고 있어 역사, 문화적으로 큰 영향을 주고받았다. 섬 대부분이 무인도이므로 접근이 쉽지 않지만 오히려 완벽한 고립을 원하는 여행자들이 삼삼오오 모여든다.

ROUTE

스플리트(2박 3일) ▶ **흐바르**(3박 4일) ▶ **비스**(3박 4일) ▶ **두브로브니크**(3박 4일)

TRANSPORTATION

인천공항에서 크로아티아 자그레브 Zagreb까지 직항편(대한항공)을 운항한다. 자그레브에서 스플리트나 두브로브니크로 이동할 때는 국내선 비행기나 버스를 이용하는 것이 일반적이다. 유럽의 다른 도시를 경유하는 항공편이나 이탈리아 바리 Bari와 앙코나 Ancona에서 두브로브니크를 오가는 페리도 괜찮은 선택이다. 아드리아 해를 따라 위치한 도시와 섬들을 연결하는 야드롤리니야 Jadrolinija 페리는 시기에 따라 출항일정이 변경되니 여정에 맞는지 반드시 확인하도록.

FERRY www.jadrolinija.hr

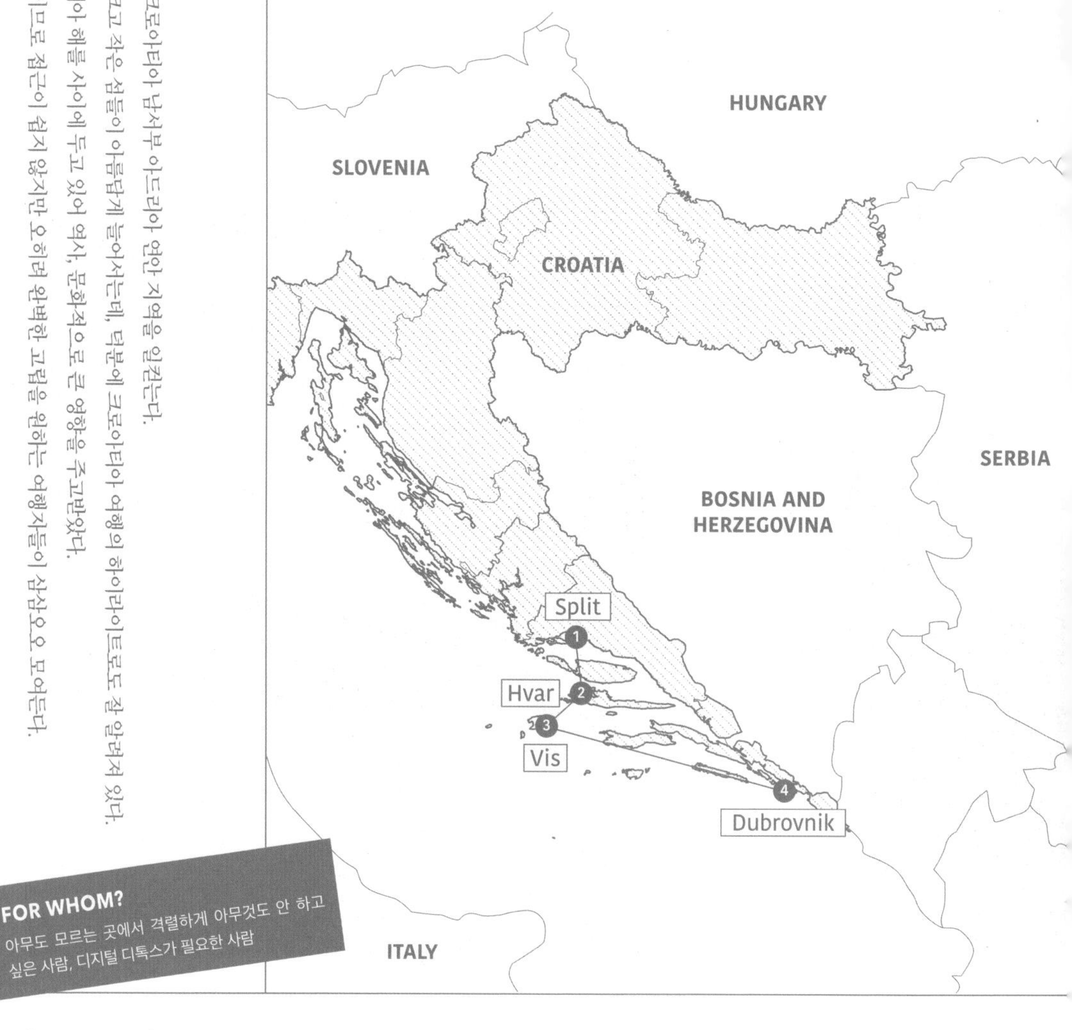

FOR WHOM?
아무도 모르는 곳에서 격렬하게 아무것도 안 하고 싶은 사람, 디지털 디톡스가 필요한 사람

Split

스플리트

크로아티아 제2의 도시 스플리트는 고대와 현대가 절묘하게 조화된 달마티아 지역의 중심도시다. AD 305년, 로마의 황제 디오클레티아누스가 세운 궁전 위로 현대적인 감각의 상점과 카페, 레스토랑이 들어서고, 아드리아 해의 온화한 바람이 불어오는 해변을 따라 노천 바와 호화로운 요트들이 여행자를 유혹한다. 항구와 기차역, 버스터미널이 한 곳에 모여 있는 교통의 요충지로 달마티아 지역에 첫 발을 내디딘 이의 설렘과 떠나는 이의 아쉬움이 교차하는 드라마틱한 만남과 이별의 장소이기도 하다. 늦은 밤, 열주광장에서 흘러나오는 음악 소리가 사람들을 불러 모은다. 1,700년 전 황제가 앉았던 고대 로마 유적에 걸터앉아 와인 한 잔을 즐기는 기분이 꽤 괜찮다. 축제가 끊이지 않는 여름 밤, 켜켜이 쌓인 도시의 역사는 세상 어디에도 없을 근사한 무대가 된다.

Hvar

흐바르

베네치아 공화국의 영향으로 탄생한 화려한 석조 건물과 아름다운 해변, 라벤더 최대 생산지로 사시사철 바람을 타고 은은한 향이 퍼지는 섬 흐바르는 크로아티아에서 가장 풍부한 일조량을 자랑하는 곳이다. 아드리아 연안에 이름난 휴양지로 최근 골목마다 고급 호텔과 레스토랑이 속속들이 들어서고, 항구에는 크고 작은 요트들이 사람들을 실어나른다. 그럼에도 불구하고 타운의 중심 스테판 광장은 여전히 한가롭고, 사람들은 특별히 바쁠 일도 그렇다고 무료할 일도 없는 느긋한 시간을 보낸다. 밤이 되면 흐바르의 새로운 얼굴이 떠오른다. 화려한 조명이 골목을 훤히 밝히고, 쿵덕쿵덕 흐르는 비트에 마음속 근심과 걱정을 바다 위로 떠내려보낸 이들이 에너지를 발산한다. 흐바르는 주변의 시선을 의식하지 않고 온전히 나를 위한 시간을 보낼 수 있는 사랑스러운 섬이다.

Vis

비스

크로아티아의 수많은 섬 중에서 본토에서 가장 멀리 떨어져 있는 섬 비스는 수수께끼로 가득한 곳이다. 제2차 세계대전 이후 유고슬라비아 연방의 군사기지로 사용되면서 외부의 접근이 철저히 통제되었다 1989년에서야 외국인에게 개방되었기 때문이다. 30여 년의 고립으로 비스는 고유의 전통과 깨끗한 자연을 보존할 수 있었고, 오늘날 비스를 찾는 여행자들은 특유의 자연과 맛, 다듬어지지 않은 촌스러움을 간직한 마을에서 보내는 평화로운 하루하루에 빠져들고 있다. 영화 《맘마미아2》의 촬영지로 코발트빛 바다와 층층이 쌓인 해안 절벽, 산기슭에 모여 있는 오래된 주택들이 만드는 빛바랜 풍경이 도나처럼 옛사랑을 추억하게 한다.

Dubrovnik

두브로브니크

스플리트가 달마티아의 관문이라면 종착역은 두브로브니크가 될 것이다. 7세기부터 형성된 크로아티아 최남단의 해안 도시는 베네치아와 경쟁하며 지중해에서 위상을 떨쳤다. 13세기부터 도시를 지켜 온 두터운 성벽은 옛것을 고스란히 보호하는 보호막이 되었고, 주황색 지붕의 주택들이 빼곡하게 자리한 성채도시는 '아드리아 해의 진주'라는 별칭과 함께 유럽인들이 동경하는 최고의 휴양지로 자리매김했다. 진주처럼 빛나는 도시를 보듬은 성벽 위를 걷는다. 바로크 양식과 고딕, 르네상스 양식의 건물들 사이로 널어놓은 빨래가 바닷바람에 나부끼고, 부지런히 걸음을 옮기는 여행자들 옆으로 동네 꼬마들의 축구 경기가 한창이다. 정겨운 성 안의 일상을 뒤로하고 망루에 오르자 아드리아 해가 시원하게 펼쳐지고 성벽 아래쪽에서 신비로운 푸른 물결 위로 몸을 던지는 이들의 자유로운 함성이 들려온다. 영국의 극작가 버나드 쇼의 말처럼 여기가 지상낙원일지도 모른다.

SPLIT
스플리트

성 돔니우스 성당 종탑 주변으로 형성된 구시가와 야자수가 줄지어 늘어선 리바 거리, 크고 작은 배들이 끊임없이 오가는 스플리트 항구가 한눈에 들어온다. 마르얀 공원에서 잠에서 깨어나는 스플리트를 바라보며 하루를 시작해 본다. 바다 내음이 가득한 수산시장을 지나 구시가 뒷골목 속으로 걸음을 옮긴다. 아기자기한 수공예품점, 서로가 최고라 우기는 젤라토집, 향긋한 커피향을 내뿜는 모퉁이 카페를 뒤로하고도 한참을 돌고 돌았지만 오늘의 종착역도 결국 디오클레티아누스 궁전이다. 무너진 궁전의 돌담, 반질반질 닳아버린 돌바닥, 이가 빠진 듯 서 있는 광장의 열주는 철조망으로 둘러싸인 다른 유적지와 사뭇 다른 모습이다. 분주하게 궁전 안에서의 오늘을 살아가는 사람들, 1,700년 전부터 지금까지, 그리고 앞으로도 변하지 않을 사람들의 활기찬 에너지가 궁전에 새로운 숨을 불어넣는다.

디오클레티아누스 궁전 Diocletian's Palace

로마의 황제 디오클레티아누스가 은퇴 후 말년을 보내기 위해 지은 궁전으로 3~4세기에 세워졌다. 스플리트 항을 마주하고 있는 궁전은 동서 215m, 남북 181m로, 총 3만m^2의 거대한 면적으로 궁전이라기보다는 작은 마을이란 이름이 걸맞을 정도로 넓고 크다. 궁전을 짓기 위해 가까운 브라치 섬에서 석회암을, 이탈리아와 그리스에서 대리석을 가져왔고, 멀리 이집트에서 스핑크스까지 가져와 궁의 곳곳을 장식했다. 로마 제국의 붕괴 후 궁의 주인이 여러차례 바뀌었고 중세, 르네상스, 바로크, 심지어 최근에 변모시킨 건물까지 모두 함께 자리한 독특한 모습을 갖게 되었다. 1,700년 전에 만들어진 궁전 위에 자리한 상점과 카페, 레스토랑, 그리고 그 속에서 현재를 살아가는 사람들. 디오클레티아누스 궁전은 유적지라기보다는 스플리트 그 자체라는 표현이 더 잘 어울리는 곳이다.

열주광장 Peristil

궁전에서 제일 큰 광장으로 황제가 회의나 행사를 주재했던 장소다. 사각형 뜰은 16개의 대리석 열주로 둘러싸여 있는데 이 중 12개는 이집트에서 가져온 것이라고. 광장을 중심으로 유적지들이 자리하고 있어 늘 여행자들로 북적인다. 광장에 있는 카페 '룩소르 Lvxor'는 매일 저녁 8시에 열리는 라이브 공연으로 유명하다. 공연이 시작되면 광장은 사람들의 흥겨운 무대로 변신한다.

성 돔니우스 성당 Katedrala Sv. Duje

열주광장 동쪽에 있는 팔각형 건물로 성 돔니우스 주교에게 헌정된 성당이다. 로마네스크와 고딕 양식으로 지어졌으며, 화려한 실내 장식과 24개의 원기둥이 인상적이다. 성당이 있던 자리는 본래 디오클레티아누스의 무덤이 있던 곳이다. 그리스도교를 강력하게 박해했던 황제의 묘 위에 그리스도교 성당이 세워진 셈. 사라진 황제의 묘는 아직까지 발견되지 않았다. 14~16세기 추가로 건설된 57m의 종탑은 스플리트 구시가지를 볼 수 있는 전망대로 인기가 높다.

지하 궁전 Podrumi

열주광장 남쪽 계단과 리바 거리 사이를 연결하는 지하공간으로 로마시대 주거 문화를 엿볼 수 있는 장소다. 궁전 입구까지 기념품 가게가 자리하고 있어 지나칠 수 있으니 주의하자. 미국 드라마 《왕좌의 게임》의 촬영지로 사용되기도 했다.

마르얀 공원
Park Šuma Marjan

위치 리바 거리 끝에서 마르얀으로 가는 표지판을 따라간다. 디오클레티아누스 궁전에서 도보로 20분 소요.

구시가지 서쪽에 있는 공원. 언덕으로 가는 계단 끝에 있는 전망대와 비딜리차 카페 Vidilica Cafe는 스플리트 구시가를 볼 수 있는 뷰포인트로 인기가 높다. 카페를 지나 조금 더 언덕을 오르면 13~15세기 사이 세워진 교회들을 만날 수 있다.

트러플 파스타
Truffle pasta

세계적인 트러플(송로버섯) 산지인만큼 트러플로 풍미를 더한 부드러운 크림소스 파스타는 크로아티아에서 꼭 맛봐야 하는 음식 중 하나. 보통 홈메이드 파스타 퍼지 Fuži를 이용하는데, 크로아티아와 슬로베니아 일대에서 즐겨 먹는 퍼지는 다이아몬드 모양의 반죽을 대각선으로 붙인 튜브 모양을 하고 있다.

보케리아 Bokeria kitchen & wine bar

시장 근처 좁은 골목에 자리한 곳으로 모던하고 세련된 인테리어가 인상적이다. 한결같은 맛과 늘 친절한 스태프들로 예약 없이 자리를 잡기 어려울 정도로 인기가 높다. 트러플 파스타와 농어구이가 인기 메뉴. 배우 줄리아 로버츠가 스플리트를 방문할 때마다 들르는 곳으로 유명세를 탔다.

ADD Domaldova ul. 8
TEL +385 21 355 577

파슈티차다
Pašticada

양념에 재워둔 소고기에 각종 채소와 레드와인을 넣어 끓인 달마티아 전통 스튜로 감자로 만든 뇨키와 함께 낸다. 결혼식이나 축제 같은 중요한 행사가 있을 때 먹는 음식이다.

루차스 Konoba Lučac

여행자로 가득한 리바 거리를 살짝 벗어난 위치의 달마티안 음식점으로 합리적인 가격대로 인기가 높다. 뇨키와 함께 나오는 스튜와 해산물 메뉴가 인기. 그날그날 신선한 해산물을 직접 선택해 조리하는 것도 가능하다. 크로아티아 와인을 곁들여 볼 것.

ADD Petrova 2
WEB www.konobalucac.com

TO DO

해변 산책

아드리아 연안에 자리한 도시답게 스플리트는 구시가지에서 멀지 않은 곳에 근사한 해변들이 자리하고 있다. 여행객으로 북적이는 구시가지를 벗어나 해변으로 떠나보자. 디오클레티아누스 황제처럼 은퇴 후 스플리트행을 꿈꾸게 될지도 모르다.

바츠비체 해변 Plaža Bačvice

스플리트에서 가장 유명하고 인기있는 해변으로 구시가에서 도보로 10분이면 닿을 수 있다. 탈의실과 샤워시설, 유료 파라솔과 의자, 카페, 레스토랑, 비치클럽 등 편의시설과 오락거리가 풍부하다. 여름이면 비치타올 한 장 깔 자리를 찾기 힘들 정도로 인파가 몰리지만 북적북적한 분위기 자체가 바츠비체의 매력이다.

위치 디오클레티아누스 궁전에서 버스 터미널 방향으로 도보 10분

예치나츠 해변 Plaža Ježinac

마르얀 언덕 근처에 있는 작은 해변. 곳곳에 커다란 소나무가 그늘을 만들어 주고, 파도를 막아주는 제방이 있어 아이들과 함께 수영하기 좋다. 음료를 파는 카페가 전부라 장시간 머물 예정이라면 도시락을 준비하도록. 예치나츠보다 조용한 해변을 찾는다면 5분 거리의 즈본차츠 Zvončac 해변을 방문할 것.

위치 리바 거리 끝(Sv.Frane 성당)에서 해안선을 따라 도보 20분 혹은 12번 버스

카슈니 해변 Plaža Kasjuni

절벽으로 둘러싸인 반원형 해변으로 흰색 자갈이 깔려 있어 유독 푸른 물빛을 자랑한다. 구시가에서 조금 떨어져 있어 조용하고 여행객보다는 현지인이 주를 이룬다. 비수기에는 탈의실과 샤워, 카페, 썬베드 대여 등의 편의시설을 찾기 어려우니 직접 준비하는 편이 좋다.

위치 리바 거리 끝(Sv.Frane 성당)에서 12번 버스 혹은 리바 거리 항구에서 보트

GOING OUT

크르카 국립공원
Krka National Park

크로아티아 북부에 플리트비체 Plitvice National Park가 있다면 남부에는 크르카 Krka National Park가 있다. 크르카는 아드리아 해로 흘러가는 크르카 강이 석회암 지대를 지나면서 형성된 지역으로 깊고 좁은 골짜기와 호수, 7개의 폭포가 어우러져 그림 같은 풍경을 자아낸다. 공원의 하이라이트는 스크라딘스키 부크 Skradinski Buk 폭포다. 17계단을 흘러 굉음과 함께 시원하게 떨어지는 폭포는 공원에서 유일하게 입수 가능한 장소다. 자연이 만든 아름다운 천연 수영장에 마음껏 몸을 던질 수 있다는 매력 때문에 여름이면 유독 많은 사람들이 이곳을 찾는다. 그 외 27m 높이의 폭포가 있는 로슈키 계곡 Roski Slap과 비소바츠 호수 Visovac Jezero에 떠 있는 신비로운 작은 섬과 수도원은 크르카의 또 다른 명소들이다. 플리트비체에 비해 규모가 작아 스플리트에서 당일치기로 돌아볼 수 있지만, 가벼운 하이킹과 함께 공원 구석구석을 돌아보고 싶다면 국립공원이나 스크라딘에서 숙박하길 권한다.

위치 국립공원 입구는 스크라딘 Skradin과 로조바츠 Lozovac에 있는데, 스크라딘에서 보트를 타고 스크라딘스키 부크 폭포가 있는 하류에서 상류로 이동하는 것이 일반적이다(공원 입장료에 스크라딘행 보트 입장료가 포함되어 있다). 스크라딘은 스플리트에서 북쪽으로 약 90km 거리에 있는 해안마을로 자동차로 1시간~1시간 30분이 소요된다.

HVAR
흐바르

머리맡까지 들어온 햇빛에 눈을 뜬다. 어제 길거리에서 구입한 라벤더 포푸리 향에 여행의 피로가 풀리는 듯하다. 선글라스와 자외선 차단제, 비치타월 그리고 책 한 권을 챙겨 들고 방을 나섰다. 가까운 해변에 자리를 잡고 구릿빛 피부를 꿈꾸며 몸을 이리저리 굴린다. 밀린 일기를 쓰고, 낮잠을 자다 해가 뉘엿뉘엿 넘어갈 무렵에야 자리를 털고 일어섰다. 스페인 요새에 올라 지는 해를 바라본다. 노란 불을 밝히는 흐바르 타운과 붉게 물든 바다, 파클레니 제도의 작은 섬들을 바라보며 작은 모터보트를 빌려 그곳으로 가는 섬투어를 계획한다. 밤이 깊어질수록 화려해지는 흐바르의 밤거리를 맨발로 걷는다. 반질반질한 돌바닥의 감촉, 절로 몸을 흔들게 하는 음악 소리, 시원하게 불어오는 바닷바람에 마음이 한없이 자유로워진다.

성 스테판 광장
Trg Svetog Stjepana

위치 항구에서 리바 Riva 거리를 따라 북쪽 끝에 있다.

4,500㎡, 달마티아 지역에서 가장 크고 오래된 광장으로 'U'자 모양으로 항구를 둘러싸고 있다. 카페와 레스토랑이 몰려 있는 흐바르 타운의 중심으로 언제나 사람들의 발길이 끊이지 않으며, 긴 역사만큼 의미있는 건물들이 자리하고 있다. 광장 초입에 있는 아치형 건물은 무기고 Arsenal로 1331년 베네치아에 의해 조선소로 지어졌다가 17세기 곡물이나 소금을 저장하는 저장소로 사용되었다. 현재 무기고의 1층은 흐바르의 역사를 보여주는 전시관이, 2층은 17세기 지어진 시민극장이 자리하고 있다. 광장 중심부에 남아 있는 16세기 우물을 지나 북쪽 끝에는 클로버 형태의 성 스테판 대성당 Katedrala Svetog Stjepana이 있다. 16~17세기 르네상스 양식으로 지어졌으며 오스만 제국에 의해 파손됐다가 재건됐다.

스페인 요새
Tvrđava Španjola

위치 성 스테판 광장에서 20분 소요. 계단과 언덕이 많으니 주의하자.

흐바르 타운과 파클레니 제도가 한눈에 내려다보이는 중세시대 요새로 고대 일리리안 Illyrian 족의 집터에 세워졌다. 6세기 비잔틴인들이 성채를 지었고, 1278년 베네치아가 요새를 건설하고, 1551년에 보강되어 1571년 오스만 제국의 공격에서 많은 이들을 구할 수 있었다. 내부에는 바다에서 발견된 고대 유물들을 전시한 미니 박물관과 기념품숍, 카페가 있어 쉬어 가기 좋다.

파클레니 제도 유람
Pakleni Otoci

호바르 섬의 남서쪽에 있는 파클레니 제도는 16개의 작은 섬으로 이루어져 있다. 흐바르 섬보다 한적하고 섬마다 각기 다른 개성을 가지고 있어 보다 비밀스러운 나만의 공간을 찾는 이들에게 인기가 높다. 흐바르 타운 항구에서 보트로 20~30분 거리로 수상택시나 보트 대여로 다녀올 수 있다.

예롤림 Jerolim

흐바르에서 가장 가까운 섬으로 한적하고 조용한 무인도 느낌이 매력. 누드비치가 있으니 당황 금지.

마린코바츠 Marinkovac

나이트클럽이 있는 해변의 반대쪽으로 라군을 둘러싼 조용한 해변이 있다. 레스토랑과 카페는 성수기에 운영한다.

팔미자나 Palmižana

비교적 큰 항구와 레스토랑, 여행자 숙소, 작은 해변들이 곳곳에 분포되어 있다. 파클레니 제도에서 숙박을 원한다면 괜찮은 선택이다.

흐바르에서의 클러빙 Clubbing

'크로아티아의 이비자'란 별명답게 흐바르는 유럽 각지에서 온 파티 피플들이 사랑하는 휴양지. 해가 지면 조용하던 흐바르 타운이 들썩인다. 레스토랑이나 바, 클럽에서 신나는 음악이 흘러나오고 한적한 바닷가에서 태양을 즐기던 이들이 거리로 나와 밤을 즐긴다. 리바 거리를 걷다 보면 절로 어깨를 들썩이는 나를 발견하게 될 것이다.

카르페 디엠 Carpe Diem

파클레니 제도의 마린코바츠 섬에 위치한 비치클럽. 스티판스카 Stipanska 해변 전체가 클럽으로 사용되며 흐바르 타운에서 무료 클럽 보트를 운영한다. 리바 거리에도 자매 클럽이 있다.

ADD Stipanska
WEB www.carpe-diem-beach-hvar.com

키바 바 Kiva Bar

흐바르 타운에서 가장 핫한 클럽. 밤만 되면 바가 있는 좁은 골목은 안으로 들어가지 못할 정도로 사람들이 몰린다. 그 외에도 '훌라훌라 비치클럽 Hula Hula Beach Club'이나 '베네란다 Veneranda'도 빼놓으면 섭섭하다.

ADD Fabrika 26

TIP
크로아티아에서 민박집 찾기

도미토리를 갖춘 호스텔이 많지 않은 크로아티아에서 저렴한 숙소를 찾는다면 '소베 Sobe'를 적극 이용하자. 소베는 현지인들이 거주지의 일부를 여행객에게 내주는 민박으로 버스 터미널이나 항구에 집주인들이 나와 직접 호객하는 경우가 대부분이다. 위치와 가격, 시설은 물론 소베 간판이 붙어있는 허가된 업소임을 확인한 후 숙박 여부를 결정해야 한다.

TRIVIA

크로아티아에선 어떤 맥주를 마셔야 할까?

유럽의 여느 나라가 그러하듯 크로아티아 사람들도 밤이나 낮이나 물처럼 가볍게 맥주를 마신다. 크로아티아 맥주 시장의 양대 산맥은 '오주스코 Ožujsko'와 '카를로바츠코 Karlovačko'로 어디서나 부담없이 쉽게 맛볼 수 있다. 모두 라거 계열로 가볍고 시원한 목넘김을 가지고 있지만 카를로바츠코가 오쥬스코보다는 진하고 쓴맛이 강한 편이다. 두 회사 모두 레몬, 자몽, 사과, 포도 등의 과즙을 섞은 라들러 Radler 맥주를 판매하는데, 알코올이 2% 이내로 부담없이 마실 수 있어 인기가 높다(카를로바츠코의 라들러가 단맛이 더 강한 편이다). 그 밖에 흑맥주로 유명한 벨레비츠코 Velebitsko와 토미슬라브 Tomislav, 청량감이 강한 판 Pan 등이 있으니, 뜨거운 크로아티아의 태양 아래서 시원한 맥주 한 잔 어떨까.

VIS 비스

마주 앉은 이와 무릎이 닿을 듯한 작은 보트를 타고 블루 케이브를 향한다. 점점 가까워 오는 동굴 입구는 보기보다 더 낮아 보이고, 자칫 머리라도 부딪힐까 모두들 약속한 듯 고개를 숙인다. 고개를 들자 오묘한 푸른 세상이 눈에 들어온다. 물속에서 반사된 햇빛이 조명처럼 동굴을 밝히고, 유리처럼 투명한 수면은 놀란 눈을 한 우리의 모습을 그대로 비춘다. 몽환적인 푸른 동굴을 빠져나온 사람들을 기다리는 것은 비스 섬의 아름다운 바다. 절벽 사이에 숨어 있는 비밀의 해변부터 에메랄드빛 물색을 자랑하는 흰모래 해변까지 각기 다른 매력의 해변을 즐기다 보면 하루가 금세 지나가 버린다. 한바탕 물놀이가 끝나면 섬의 안쪽을 탐험해보자. 구릉 위에 펼쳐진 포도밭과 와이너리, 마을을 한눈에 내려다볼 수 있는 산, 섬의 역사를 보여주는 버려진 터널과 미사일 기지까지, 작은 섬의 매력은 끝이 없으니 내일도 이 섬을 떠나긴 어렵겠구나.

ATTRACTION

블루 케이브
Blue Cave

위치 비스 섬 서쪽에 있는 마을 코미자 Komiža에서 보트로 방문한다. 매표소에서 동굴 안으로 들어가는 작은 보트(운전사 겸 가이드 포함)를 탑승해야 한다. 기상 상황에 따라 동굴 입구가 폐쇄될 수 있으니 출발 전 먼저 확인하도록.

비스 섬 남서쪽에 있는 비셰보 Biševo 섬은 푸른 동굴로 유명하다(동굴의 정식 이름은 '모드라 스필라 Modra Špilja'이지만 모두가 '블루 케이브'라 부른다). 석회암 바위가 파도에 침식되어 형성된 24m 길이의 동굴로 동굴 속 수심은 10~15m 정도. 동굴 안으로 들어온 햇빛이 수면 아래 모래에 반사되어 동굴을 온통 푸른빛으로 물들이는데, 오전 11~12시 사이가 특히 아름답다. 폭 2.5m, 높이 1.5m의 좁은 입구와 한정된 내부 공간으로 인해 동굴 안에서 주어진 시간은 팀당 10분 남짓에 불과하지만 세상에 모든 푸른 색을 볼 수 있는 신비로운 경험이 될 것이다.

TIP
블루 케이브 투어는 비스 섬에서

교통편 문제로 대부분의 여행자들은 여행사를 통해 블루 케이브를 방문한다. 비스 섬 뿐 아니라 흐바르, 스플리트 등에 위치한 수많은 여행사에서 블루 케이브 투어를 운영하는데, 비스 섬에 있는 여행사를 이용하는 것이 편리하다. 블루 케이브 측에서 비스 섬 여행사에게 매표소에서 줄을 서지 않고 바로 동굴 안으로 들어갈 수 있는 '패스트 트랙'을 제공하기 때문이다. 블루 케이브 투어는 블루 케이브와 그린 케이브, 비스 섬에 있는 2~3개의 해변을 방문하는 일정으로 진행된다.

훔
Mount Hum

위치 코미자 마을에서 정상으로 가는 트레킹 코스가 있다. 1시간 30분 소요. 스쿠터나 택시로 정상 근처까지 이동할 수 있다.

높이 587m의 산으로 비스 섬 서쪽 마을 코미자 Komiža에 있다. 정상에 외롭게 서 있는 작은 교회가 전부지만 산 아래에 자리한 마을과 푸른 바다, 날씨가 좋은 날에는 주변의 다른 섬까지도 내려다볼 수 있다. 해질 무렵 노을을 보기 위해 찾는 이들도 적지 않다. 제2차 세계대전 당시 티토가 군 본부로 사용했다는 동굴 Tito's Cave은 정상에서 10~15분 거리다.

TRIVIA

티토의 군사기지, 비스

비스는 고대 그리스 시대부터 아드리아 해의 요충지로서의 긴 역사를 가진 섬이지만 가장 흥미로운 역사는 1945년 제2차 세계대전이 끝난 후부터다. 유고슬라비아 연방의 대통령 티토(요시프 브로즈 티토 Josip Broz Tito)는 비스 섬을 유고슬라비아 군대의 주요 군사기지로 삼고 섬 전체에 30개 이상의 군사시설을 만들었다. 미로 같은 지하 터널, 벙커와 로켓기지, 잠수함 대피소 등 섬에 남아 있는 역사의 흔적은 개별적으로 혹은 투어를 통해 방문할 수 있다.

페카
Peka

채소와 고기, 와인을 넣은 무쇠 냄비를 숯 속에 통째로 집어넣어 장시간 조리하는 달마티아 지역 전통요리. 냄비의 생김새부터 불 속에 냄비를 집어넣는 방식까지 우리나라의 가마솥과 아궁이를 연상시킨다. 닭고기, 양고기, 생선 등 모든 종류의 재료로 페카를 만들 수 있는데, 송아지와 문어가 특히 인기라고. 1시간 이상의 조리시간이 필요하므로 페카를 맛보려면 사전 예약은 필수다.

로키 Roki's

넓은 포도밭 한가운데 자리한 와이너리 겸 레스토랑으로 로키 가족이 대를 이어 운영하고 있다. 전통 방식으로 조리한 4가지(송아지, 양, 생선, 문어) 페카와 이에 어울리는 홈메이드 와인을 함께 즐길 수 있다. 비스타운에서 8km 거리로 손님을 위한 교통편을 별도로 제공하며, 와이너리 투어도 진행한다.

ADD Plisko Polje 17 **TEL** +385 98 303 483 **WEB** www.rokis.hr

해산물
Seafood

전통적인 어촌마을 비스 섬에서는 어디서나 갓 잡은 신선한 해산물을 맛볼 수 있다. 레스토랑뿐 아니라 합리적인 가격으로 가정식 요리를 내는 숙소도 있다.

뷔페 비스 Buffet Vis

페리 터미널 근처, 물가 높은 비스타운의 중심가에 있는 가성비 좋은 레스토랑. 친절한 스태프들이 기존 메뉴뿐 아니라 그날그날 신선한 해산물을 안내해 준다.

ADD Obala Svetog Jurja 35

롤라 Lola Konoba & Bar Garden

청량한 분수 소리가 들리는 안뜰 좌석에 자리를 잡는다. 아기자기하게 꾸며진 공간과 해질 무렵의 선선한 공기를 타고 퍼져오는 로즈메리 향에 절로 기분이 좋아진다. 크로아티아-스페인 커플이 내는 퓨전요리는 독특하면서도 훌륭한 밸런스를 갖췄다. 수시로 변경되는 메뉴, 세련된 프레젠테이션, 식재료의 특징을 잘 살린 맛, 작은 시골마을에서 기대치 못한 근사한 한 끼를 즐길 수 있는 곳.

ADD Matije Gupca 12 **TEL** +385 95 563 3247 **WEB** www.lolavisisland.com

TO DO

해변에서 한나절

당장이라도 뛰어들고 싶은 아름다운 해변으로 둘러싸인 섬 비스. 스쿠터를 타고 매일매일 새로운 해변을 찾아나서는 것은 비스를 여행하는 가장 훌륭한 방법이다.

스티니바 비치 Stiniva Beach

깎아지른 듯한 절벽 사이에 숨어 있는 작은 해변으로 비스에서 가장 아름다운 해변으로 꼽힌다. 절벽으로 둘러싸인 구조 덕분에 수면은 늘 잔잔하고, 자갈이 깔린 해변의 일부에 자연 그늘이 있어 쉬어가기 좋다. 바다쪽에서 접근할 때는 모터보트가 해안까지 접근할 수 없으므로 카약이나 수영을 해야 한다. 육지에서 접근할 때는 30분 정도의 트레킹이 필요하니 편한 신발을 준비하자.

위치 비스 섬 남쪽에 있는 해변. Pliško polje에서 Žužeca hamlet 방향으로 해변으로 가는 트레킹 코스가 있다. 보트로도 접근할 수 있다.

스모코바 베이 Smokova Bay

비스 섬에 숨겨진 흰 모래 해변. 물속까지 고운 모래가 깔려 있어 유독 아름다운 물색을 띠고 있다. 수심이 얕고 잔잔해 아이들도 부담없이 해수욕을 즐길 수 있다. 해변의 동쪽, 해안에서 100m 떨어진 지점에 제2차 세계대전에 추락한 비행기 날개가 잠겨있어 스노클러와 다이버들에게 인기가 높다. 시끌벅적한 분위기를 찾는다면 근처에 있는 스토니치차 베이 Stoncica Bay가 괜찮은 옵션이 될 듯.

위치 비스 섬 서쪽, 비스타운에서 9km 거리. 스토니치차 베이로 가는 길목에서 도보로 이동해야 한다. 보트로도 접근 가능.

프릴로보 비치 Prilovo Beach

비스 타운에 있는 해변으로 민물이 나오는 샤워와 탈의실, 어린이들을 위한 놀이터를 갖추고 있다. 해변 앞에는 주류와 음료를 판매하는 작은 바가 전부(그래도 가격은 합리적인 편)인지라 간식거리를 챙겨오는 편이 좋다. 마을에서 도보로 쉽게 오갈 수 있다.

위치 페리 터미널의 북동쪽, 성 제롬 성당 Crkva sv. Jeronima 근처에 있다.

TRIVIA

비스에서 즐기는 색다른 스쿠버다이빙

온화한 수온 덕분에 연중 내내 다이빙이 가능한 비스 섬. 군사기지였던 역사 덕분에 비스 섬 인근 바닷속에는 침몰한 배나 비행기, 탱크 등의 잔해가 그대로 남아있어 색다른 재미를 준다. 시야가 좋고 조류가 적어 초급자도 부담없이 즐길 수 있다.

두브로브니크 DUBROVNIK

필레 문을 통해 입성한 사람들이 플라차 대로로 쏟아진다. 대로 양쪽으로 빼곡하게 들어선 레스토랑과 카페가 사람들을 유혹하고, 거리 악사들의 음악 소리가 길 끝까지 이어진다. 성 안의 유적에는 고풍스러운 표정들이 가득하다. 시민들의 식수원이었던 분수, 우아한 계단을 가진 성당, 섬세한 조각이 돋보이는 궁전에서 지진과 내전의 아픈 과거는 찾아보기 어렵다. 대로를 벗어나면 미로 같은 골목의 연속이다. 어느 쪽으로 움직이든 중요치 않다. 발길 가는 대로 걷고 계단을 오르내리다 보면 떠들썩한 사람들의 소리가 멀어지고 빛바랜 담장 아래 느릿한 사람들의 일상을 마주하게 된다. 성벽 위에 오르면 붉은 지붕을 얹은 구시가의 삶과 아드리아 해의 전경을 한눈에 볼 수 있다. 늦은 오후, 서둘러 스르지 산을 오른다. 아드리아 해의 푸른 물결 위에 섬처럼 떠 있는 구시가지가 신기루처럼 아른거린다. 몇 번을 봐도 질리지 않을 풍경에 바닷바람을 맞으며 한참이나 자리를 지켰다.

구시가지
Old Town

13세기 지중해의 요충지였던 두브로브니크는 오랜 시간 외세의 침략 속에서도 자치권을 가진 독자적인 역사를 가진 왕국이었다. 수세기에 걸쳐 쌓아올린 성벽으로 보호받고 있는 구시가지는 몇 시간이면 충분히 돌아볼 정도로 작지만 몇 번을 봐도 감탄할 정도로 아름다워 하루에도 몇 번씩 성문을 드나들게 된다.

필레 문 Pile Gate

구시가 서쪽에 위치한, 성 안으로 들어갈 수 있는 3개의 문 중 하나다. 구시가에서 가장 넓은 번화가 플라차 대로 Placa ulica (스트라둔 대로)로 바로 연결되어 늘 사람들로 북적인다. 플라차 대로 끝에 구시가의 또 다른 성문 플로체 문 Vrata od Ploča이 있다.

오노프리오스 분수 Onorfijeva fontana

필레 문을 통해 구시가로 들어오자마자 마주하게 되는 분수. 1438년 두브로브니크의 물 부족 문제를 해결하기 위해 스르지 산에서 물을 끌어들여 만들었다. 돔 형태로 16개의 수도꼭지가 각기 다른 조각으로 장식되어 있다. 지금도 분수에서 흘러나오는 맑은 물로 목을 축이는 여행자들이 많다.

프란체스코 수도원
Franjevački Samostan

14세기 지은 수도원. 17세기 지진으로 대부분이 파손되었지만 로마네스크 양식의 아름다운 회랑이 남아있다. 회랑 안쪽으로 1391년에 문을 연 유럽에서 세번째로 오래된 약국 말라 브라차 Male braće가 있는데, 이 곳에서 판매하는 화장품(장미/아몬드/라벤더 크림 등)이 인기가 높다.

ADD Stradun 30

성 블라호 성당 Crkva Sv. Vlaha

두브로브니크의 수호성 성 블라호를 모시는 성당. 14세기 로마네스크 양식으로 지어졌으나 화재와 지진으로 파괴되어 1715년 지금의 베네치안 바로크 양식으로 재건축됐다. 입구 위에 있는 성 블라호 조각상은 화재와 지진에서 파괴되지 않은 유일한 유물이라고. 성당 앞 광장에서 다양한 문화행사가 열린다.

ADD Luža ul. 2

대성당 Katedrala Dubrovnik

12세기 때 로마네스크 양식으로 지어졌다. 1192년 십자군 원정 후 귀환하던 중 풍랑에 좌초된 영국의 사자왕 리처드가 두브로브니크 근처 로크룸 섬에서 살아남은 것에 감사한 마음으로 공사 비용을 지불했다고.

ADD Ul. kneza Damjana Jude 1

성 이그나시에 성당 Crkva Sv. Ignacija

1725년 완공된 바로크 양식의 성당으로 성당 앞에서 시작되는 우아한 계단으로 더 유명하다. 계단 아래쪽에서 연결되는 군돌리체바 Gunduliceva 광장에서는 아침마다 로컬 마켓이 열린다.

ADD Poljana Ruđera Boškovića 7

로브리에나츠 요새
Lovrijenac Fort

ADD Ul. od Tabakarije 29

구시가지 성벽 밖에 홀로 서 있는 요새로 37m 높이에 세워졌다. 두브로브니크의 남쪽 바다와 필레 문으로 접근하는 적을 함께 감시할 수 있는 절묘한 위치로 11세기 초에 완성되었다. 요새의 창문에서 바라보는 구시가지가 엽서처럼 아름답다. 매년 축제 때마다 요새 안에서 셰익스피어의 연극을 무대에 올린다.

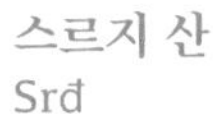

스르지 산
Srđ

해발 412m의 스르지 산은 두브로브니크 최고의 전망대다. 푸른 바다 위에 수평선을 따라 늘어선 섬들과 요새처럼 떠 있는 구시가지가 비현실적인 풍경을 연출한다. 케이블카나 택시로 오를 수 있고 도보로는 1시간 이상 소요된다. 정상에는 1806년 나폴레옹이 구축한 요새(현재는 전쟁박물관)와 파노라마 레스토랑 Restaurant Panorama이 있다.

케이블카 승강장
ADD Ulica kralja Petra Krešimira IV **WEB** www.dubrovnikcablecar.com

파노라마 레스토랑
TEL +385 20 312 664 **WEB** www.nautikarestaurants.com

FOOD & DRINK

부자 카페
Buža Bar

ADD Crijevićeva ul. 9

성벽의 남쪽, 'Cold Drink'란 표지판을 따라 성벽에 뚫린 구멍으로 나가면 암벽에 위치한 카페에 닿는다(Buža는 크로아티아어로 '구멍'이란 뜻). 간단한 음료와 함께 아름다운 아드리아 해를 마음껏 바라볼 수 있는(맛집이라기보다는) '전망 맛집'이다. 높은 인기로 빈자리를 찾기 어렵다면 비슷한 콘셉트의 말라 부자 바 Mala Buža Bar를 찾아가보자.

프로토
Proto

ADD Siroka 1
WEB www.esculaprestaurants.com

1886년에 문을 연 레스토랑으로 대를 이어 운영되고 있다. 해산물 요리 전문으로 문어샐러드와 달마티아식 새우요리, 트러플 파스타 등 메뉴마다 깔끔한 프레젠테이션과 신선한 맛이 인상적이다. 구시가지에 자리하고 있으며 두브로브니크의 햇살과 바람을 즐길 수 있는 테라스석을 갖췄다.

레스토랑360
Restaurant 360

ADD Sv.Dominka bb
WEB www.360dubrovnik.com

플로체 문 근처 성벽에 자리한 레스토랑. 시원하게 개방된 주방과 현대적인 인테리어를 갖추고 있지만 구 항구가 내려다보이는 테라스석이 가장 인기 있다. 해산물 중심의 독창적이고 창의적인 요리, 크로아티아 와인을 포함한 와인리스트, 정중한 서비스를 갖춘 파인다이닝의 정석. 미쉐린 1스타 레스토랑으로 예약은 필수다.

성벽 걷기

위치 필레 문 앞에 성벽으로 오르는 입구가 있다. 플로체 문과 구 항구 쪽에서도 접근이 가능하다. 중간 문에서 입장권을 확인하므로 투어가 끝날 때까지 입장권을 소지하도록.

두브로브니크의 상징이자 여행의 하이라이트인 성벽은 9세기에 축성되어 13~14세기에 보완됐고, 15세기 오스만 제국을 방어하기 위해 증축되었다. 총 길이 2.2km, 높이 25m에 두께 3m에 이르는 성벽은 13세기부터 오늘날까지 원형을 유지하고 있는데, 성벽을 따라 천천히 걷는 것은 구시가와 아드리아 해의 풍경을 감상할 수 있는 가장 좋은 방법이다. 중간중간 카페나 화장실, 갤러리, 해양박물관 등이 자리하고 있지만 간단한 음료와 간식을 챙기는 것이 좋다. 소요시간은 1시간 30분 이내, 해를 피할 곳이 많지 않으므로 아침 일찍 혹은 늦은 오후에 출발하도록.

섬 투어

여행객들로 북적이는 두브로브니크 구시가지를 벗어나고 싶다면 근교 섬으로 떠나는 일일투어에 참여해보자. 두브로브니크의 모든 여행사에서 투어를 운영하며, 구 항구에 홍보 창구가 몰려 있어 비교해보기 좋다. 보통 투어비에 보트와 입장료, 식사가 포함되어 있다.

엘라피티 제도 Elafitski Islands

엘라피티 제도에 속한 콜로체프 Koločep, 시판 Šipan, 로푸드 Lopud 섬은 손바닥 만한 작은 마을에 아름다운 해변을 가진 매력적인 섬들이다. 3개의 섬을 차례로 방문하며 자유시간과 해수욕을 즐기는 '3섬 투어'는 두브로브니크 섬투어 중 가장 인기가 높다.

믈옛 Mljet Island

아름다운 두 개의 호수, 호수 안에 있는 섬, 12세기부터 섬을 지키는 수도원이 동화 같은 풍경을 만드는 곳이다. 섬의 서쪽은 국립공원으로 지정되어 있다.

WEB www.mljet.hr

로크룸 Lokrum Island

별 모양의 요새와 베네딕트 수도원, 사해로 통하는 소금 호수와 누드비치, 울창한 숲속에 공작새와 토끼들이 뛰어노는 낙원 같은 섬.

WEB www.lokrum.hr

TRIVIA

두브로브니크에서 만난 왕좌의 게임

2019년 4월, 8년간의 대장정 끝에 8개의 시즌으로 막을 내린 미국HBO사의 판타지 드라마 《왕좌의 게임 Game of Thrones》은 크로아티아 관광산업에 큰 영향을 끼쳤다. 특히 극중 '칠왕국 Seven Kingdoms'의 수도였던 '킹스랜딩 Kings Landing'의 촬영지 두브로브니크에서는 왕좌의 게임을 테마로 한 투어와 기념품숍의 인기가 계속되고 있다. 왕좌의 게임의 팬이라면 드라마 속 명장면을 떠올리며 두브로브니크를 걸어보자.

로브리예나츠 요새 Lovrijenac Fort	요새 자체가 킹스랜딩의 '레드킵 Red Keep 성'으로 설정되어 있어서 다양한 시즌의 여러 장면이 촬영되었다.
웨스트하버 West Harbour	블랙워터베이의 전투신이 촬영된 곳. 로브리예나츠 요새로 가는 길목에 있으며 카약투어의 출발점이기도 하다.
보카르 요새 Fort Bokar	로브리예나츠 요새를 마주 보는 지점으로 대부분의 시즌에 등장했다.
필레 문 Pile Gate	폭동이 일어나는 장면을 포함, 백성들이 살아가는 모습을 보여주는 신에 자주 등장했다.
민체타 성루 Minčeta Tower	콰스 언다잉의 집. 대너리스가 용을 찾으러 가는 장면이 촬영되었다. 참고로 언다잉의 집 전경은 로크룸 섬이다.
총령의 집무실 Rector's Palace	대너리스가 콰스의 부자에게 전쟁자금을 요청하는 장면이 대표적이다.
성 이그나시에 성당 Crkva Sv. Ignacija	시즌 5의 마지막을 장식한 'Walk of Shame', 세르세이가 나체로 킹스랜딩을 걷는 장면으로 성당 앞 계단에서 촬영되었다.

Islands hopping in

Malta

몰타, 미지의 피한처를 찾아서

겨울이 다가올수록 이방인의 마음은 점차 어두워진다. 아침저녁으로 불어대는 칼바람, 하루 걸러 한 번씩 빗방울을 뿌려대는 이곳의 얄궂은 날씨 때문만은 아니다. 곧 다가올 연말연시엔 얼마나 더 깊은 외로움에 몸부림칠지, 새삼 걱정스러운 것이다. 피한처를 물색하기 시작한 건 그 즈음이다. 따스한 태양 아래, 떠들썩한 사람들 사이에 섞이어 노닐 수 있는 곳. 연말연시는 늘 성수기니까, 이왕이면 물가가 저렴하면 더 좋을 테다. 눈을 가늘게 뜨고 지도를 한참 노려봐야 발견할 수 있는 작은 섬나라, 몰타 Malta로 떠난 나의 기대는 퍽 소박했다. 지중해에 있으니 겨울이라도 따뜻하겠지, 유럽 사람들이 사랑하는 휴양지니까 푹 쉬어가기 좋겠지, 아, 해산물이나 배불리 먹고 와야겠다-하는 심산이었다.

몰타, 이름조차 낯선 나라. 제주도의 1/6에 불과한 이 작은 섬은 풍성한 문화유산과 눈부신 자연을 한데 품는다. 여정은 수도 발레타에서 시작한다. 고운 모래를 펴 바른 듯 은은하게 빛나는 상아색 건물은 중동과 북아프리카의 사막을 떠올리게 하고, 골목 틈으로 어른거리는 가톨릭 성당은 로마나 파리의 것과 꼭 닮아 있다. 북아프리카와 중동, 그리고 유럽의 문화가 고루 뒤섞인 이 고장에서의 여정은 나날이 새로웠다. 무엇보다 코발트 빛 지중해의 오롯한 존재감은 추위에 떨던 몸과 마음을 뭉근하게 녹여 주었다. 결국 준비 없이 떠나온 게으른 여행자는, 기꺼이 발품을 팔며 섬 곳곳을 부지런히 돌아다녀야 했다.

몰타 공화국
Repubblika ta' Malta

3개의 섬(몰타 섬, 코미노 섬, 고조 섬)과 3개의 무인도로 이뤄진 나라.
유럽 사람들이 사랑하는 지중해의 대표 휴양 섬. 남부 이탈리아 여행의 곁다리 코스로 취급하기엔 영 아쉽다.
유럽과 아프리카의 경계에 자리한 덕에 다채로운 문화가 교차한다.
일례로 음식은 이탈리아에서, 언어는 북아프리카에서 영향을 받아왔다(몰타어는 아랍어와 같은 계열인 셈어파다).
푸른 물빛과 온화한 날씨, 넉넉한 인심은 이 여정을 한껏 풍만하게 한다.

ROUTE

몰타 섬(7박 8일, **발레타 - 마르사실로크 - 음디나 - 멜리에하**) ▶
코미노 섬 (1일) ▶ **고조 섬**(1박 2일)

TRANSPORTATION

한국에서 몰타로 가는 직항편은 운항하지 않으므로 유럽 주요 도시나 터키 이스탄불을 경유하는 경유편을 이용해야 한다. 이탈리아 시칠리아에서 페리로도 입국이 가능하다. 몰타 안에서의 이동은 버스와 택시, 렌터카, 페리가 주로 이용된다. 버스 시간표가 잘 지켜지지 않는 경우가 많으니 인내심을 갖도록.

TRANSPORTATION **몰타 대중교통** www.publictransport.com.mt
FERRY **고조 섬 페리** www.gozochannel.com

FOR WHOM?
유럽의 얄궂은 겨울날을 피하고 싶다면,
숨어 있는 작은 나라를 파헤쳐보고 싶다면.

TIP
몰타에서 운전하기

몰타 섬과 고조 섬 사이를 오가는 페리에 렌터카를 싣고 여행할 수 있다. 드라이브 여행을 계획한다면, 이것만은 꼭 기억해 두는 것이 좋다.

1 몰타는 우리나라와 운전 방향이 반대다. 오른쪽에 있는 운전석에 당황하지 말 것.
2 교통 표지판이 부실하고, 몰타 현지어로 쓰인 경우가 많다. 주의, 또 주의할 것.
3 길이 좁고 언덕과 교차로가 많으므로, 수동차량에 익숙지 않다면 자동차량을 렌트할 것.
4 내비게이션으로 알아볼 수 없는 일방통행로가 많다.
5 외부인은 흰색 주차 선에만 (무료) 주차가 가능하다. (노란 선에 주차 시 벌금주의!)

ALBANIA
ITALIA
TUNISIA
MALTA
GOZO ISLAND
6
5
COMINO ISLAND
4
Mellieha
Valletta
MALTA ISLAND
1
3
Mdina
2
Marsaxlokk

Malta Island

몰타 섬

몰타 공화국의 중심. 문화, 행정, 산업 기반이 대체로 이곳에 집중되어 있다. 이 책에서는 몰타 여행자들이 즐겨 찾는 4개의 대표 지역을 꼽아 소개한다. 수도 발레타와 이국적인 해변 풍경을 거느린 마르사실로크, 고아한 성채 도시 음디나, 섬 북단의 보석 멜리에하가 그 주인공이다.

발레타 Valletta

몰타의 수도. 유럽에서 가장 작은 수도(0.8㎢)이며, 도시 전체가 유네스코 세계문화유산이다. 도시를 둘러싼 난공불락의 요새는 16세기 몰타 섬에 정착한 성 요한 기사단에 의해 만들어졌다. 화려한 시가지에 남아 있는 빨간색 전화부스와 귓가에 들려오는 능숙한 영어는 영국의 지배를 받았던 근대의 시간을 증명하고, 이탈리아 건축가 렌초 피아노 Renzo Piano가 디자인한 시티 게이트와 국회의사당은 21세기의 새로운 숨을 불어 넣는다.

마르사실로크Marsaxlokk

몰타에서 두 번째로 큰 항구이자 가장 큰 어촌. 무지갯빛 전통 선박 '루츠 Luzzus'가 떠 있는 풍경이 한 장의 그림엽서처럼 아름답다. BC 9세기 페니키아인이 세운 무역 도시로, 1565년 오스만 튀르크의 침공 당시에는 군함대의 기지로 사용됐다. 늘 조용한 마을이 활기를 띨 때가 있는데, 바로 선데이 마켓이 열리는 일요일이다.

음디나 Mdina

아랍어로 '메디나Medina(도시)'에서 그 이름을 따왔다. 오랜 세월 몰타의 수도였고, 귀족과 성직자들이 거주했다. 수도 이전과 17세기 대지진으로 축소되어 오늘날 '침묵의 도시'로 불리지만, 고풍스러운 건물과 성벽이 그대로 남아 중세를 온전히 느끼게 한다. 덕분에 영화 《다빈치 코드》와 드라마 《왕좌의 게임》 촬영지로 등장했다. 성벽 밖 서민들의 거주지 라바트 Rabat는 이와 사뭇 다른 분위기를 자아내니 함께 둘러보면 좋다.

멜리에하 Mellieha

섬의 북쪽에 자리한 바다 마을. 크고 작은 리조트가 늘어서 있지만, 여느 휴양지처럼 화려하진 않다. 중심 도시 멜리에하도 마찬가지. 작은 성당, 소박한 식당 몇 개가 전부인 이곳은 마치 몰타의 맨 얼굴 같다. 푹신한 백사장에 아무렇게나 드러누워 게으른 시간을 보내고 싶어지는 까닭이다. 따뜻한 햇살과 바람, 지중해의 파도 소리를 벗 삼아서.

Comino Island

코미노 섬

몰타 섬과 고조 섬 사이에 위치한 섬으로, 영토 내 유인도 중 가장 작다. 낡은 호텔 한 채, 기사단이 세운 망루 몇 개가 덩그러니 자리하며, 거주자도 단 한 가구다. 그럼에도 불구하고 코미노 섬으로 가는 페리가 이른 아침부터 끊이질 않는 이유는 몰타에서 가장 아름다운 바다, 블루 라군이 있기 때문이다. 하얀 모래밭과 에메랄드빛 바다는 코미노 섬의 척박하고 황량한 황톳빛 기암절벽과 강렬한 대조를 이룬다. 이곳에선 스노클링, 다이빙, 서핑 등 수상 스포츠를 즐길 수 있고, 야생화와 허브가 가득 피어 오른 트레킹 코스를 따라 섬을 한 바퀴 돌아볼 수도 있다. 자연/조류 보호 구역이라, 섬 어디서도 자동차를 찾아볼 수 없다.

Gozo Island

고조 섬

몰타에서 두 번째로 큰 섬으로, 몰타 섬의 서북쪽에 자리하고 있다. 현지인들은 '아우데시 Għawdex'라 부르는 이 작은 섬은 그리스·로마 신화에서 님프 칼립소가 오디세우스를 7년 동안 잡아뒀던 곳이라 전해진다. 총면적 67㎢로, 성남시 분당구 정도의 작은 규모지만 세계에서 가장 오래된 건축물인 거석 사원과 섬 전체를 한눈에 내려다볼 수 있는 요새, 그림 같은 절경을 자랑하는 해변과 동굴이 한데 옹기종기 모여 있다. 스쿠버다이빙, 카야킹, 절벽 하이킹 등 다양한 액티비티와 신선한 해산물, 와인을 즐길 수 있는 것도 장점. 늘 시간표를 지키지 않는 버스 덕분에 몰타 섬보다도 시간이 훨씬 느리게 흐르는 것 같지만, 그래서 더욱 느긋하고 완벽한 휴식을 취할 수 있다.

TIP

몰타, 어디에 머물러야 할까?

몰타는 작은 나라다. 한 곳에 베이스캠프를 두고 당일로 섬 구석구석을 여행하기에 용이하다.

1 세인트 줄리앙 & 슬리에마 St. Julien & Sliema
교통 체증에 시달리는 수도 발레타를 피하고 싶다면. 편의시설이 밀집한 슬리에마, 몰타의 나이트라이프를 즐길 수 있는 동네 파처빌 Paceville을 품은 세인트 줄리앙을 추천한다. 다양한 유형의 숙소가 있고, 배로 5분이면 발레타에 닿을 수 있는 것도 장점이다.

2 멜리에하 & 부지바 Mellieha & Bugibba
조용하고 저렴한 호텔과 리조트가 모여 있다. 페리 터미널과 가까워 섬을 오가기에 편리하다 (다른 섬으로 가는 보트 투어도 찾을 수 있다). 가족 단위 혹은 렌터카 여행자에게 적합하다.

3 고조 섬 Gozo Island
이 섬의 험난한 대중교통을 감안하면, 차라리 하루 이틀 이곳에 머무는 것도 방법이다. 중심 도시 빅토리아와 해변 마을 슬렌디 Xlendi, 그리고 마르살포른 베이 Marsalforn Bay의 숙소를 물색할 것.

VALLETTA 발레타

도시의 모던한 얼굴, 시티 게이트를 지나 요새 안으로 들어서자 바둑판처럼 정돈된 유럽 최초의 계획도시가 눈앞에 펼쳐졌다. 지도를 잠시 접어둔 채 발길 닿는 대로 쭉 뻗은 거리를 걷는다. 기사단의 숨결이 남아 있는 대성당과 7,000년 몰타 역사를 아우르는 박물관, 18세기에 지어진 극장과 중세 귀족들의 주택들을 하나하나 구경하다 저 멀리 골목의 끝으로 보이는 흔들리는 지중해의 푸른 물결에 마음을 빼앗긴다. 그 길로 기사단의 휴식처였던 옥상 정원에 오르자, 고운 모래를 발라놓은 듯 반짝이는 세 개의 도시가 한눈에 내려다보인다. 도시를 위협하던 오스만 튀르크 대신 항구를 가득 메운 고급 요트들을 향해 환영의 대포를 쏘아 올린다.

어퍼 바라카 가든
Upper Barrakka Gardens

ADD 292 Triq Sant' Orsla

발레타 도시 전체를 둘러싼 요새 꼭대기 층(성 베드로 요새와 성 바오로 요새 위)에 조성된 옥상 정원으로 1560년 성 요한 기사단의 이탈리아 기사들의 휴식처로 만들어졌다. 아치로 이루어진 테라스와 구석구석 아름다운 조각, 분수로 아기자기하게 꾸며져 있다. 테라스에 서면 아름다운 그랜드 하버와 발레타와 마주한 3개의 도시를 한눈에 내려다볼 수 있는데, 항구에 닿은 배들을 환영하는 의미로 매일 12:00와 16:00에 대포를 쏘는 이벤트를 진행하니 시간에 맞춰 방문해 보면 좋겠다. 정원 남쪽 끝에 있는 엘리베이터는 전쟁 박물관 Lascaris War Rooms으로 이어진다. 이곳엔 제2차 세계대전에 영국군이 쓰던 상황실과 터널 등이 전시되어 있다.

성 요한 대성당
St John's Co-Cathedral

ADD Triq San Gwann
WEB www.stjohnscocathedral.com

소박한 외관과 달리, 성당 내부는 수많은 그림과 금빛 장식으로 화려함을 뽐낸다. 1577년 성 요한 기사단(몰타 기사단)이 이름을 따온 그리스도교의 세례자 성 요한을 기리기 위해 세워졌으며, 음디나 성 바울 성당과 함께 대주교좌 성당으로 지정되어 있다. 중앙 홀은 기사단을 구성하는 8개 국가에서 헌정한 채플로 둘러싸여 있는데, 모든 방의 장식과 제단, 조각이 각기 다른 형태와 의미를 담고 있다. 성당의 대리석 바닥은 기사단원의 묘비석인데 앞쪽에, 중심에 있을수록 중요한 인물이란다. 16세기 이탈리아의 화가 카라바조 Caravaggio가 남긴 <세례 요한의 참수, The Beheading of St.John the Baptist 1608>가 소장되어 있다. 굽이 있는 구두와 노출이 심한 복장으로는 입장할 수 없다.

몰타 기사단장 궁전
Grand Master's Palace

ADD 58 Triq Ir-Repubblika

16세기 몰타 기사단의 본부였던 공간으로 무기고와 공식 접견실, 정원의 일부 공간이 외부에게 공개되어 있다. 현재는 대통령 집무실과 정부 기관으로 사용되고 있으며 두 명의 근위병이 입구를 지키고 있다.

TRIVIA

세상에서 제일 작은 나라, 몰타 기사단 Knights of Malta

몰타를 여행하다 보면 '몰타 기사단'이라는 단어와 자주 맞닥뜨리게 된다. 자칫 몰타에 소속된 기사단을 지칭한다고 오해하기 쉽지만, 알고 보면 몰타 기사단이 국호 그 자체라는 놀라운 사실. 심지어 그 나라엔 영토가 존재하지 않는다. 지역에 따라 성 요한 기사단 혹은 로도스 기사단이라고도 불리는 몰타 기사단은 1080년 성지와 순례자들을 위해 예루살렘에서 시작된 종교 기사단의 이름이다. 십자군 원정 이후 로도스 섬을 거쳐 몰타 섬에 정부를 세우고 독립 국가를 건설했다. 1798년 나폴레옹에게 정복당한 뒤 현재까지 로마에 본부를 두어 명맥을 잇고 있으며, 영토는 없지만 독자적인 헌법과 법원을 갖추고 40여 개 나라와 외교 사절을 교환하는 등 엄연한 하나의 국가로 활동하고 있다. 몰타의 수도 발레타는 오스만을 물리친 성 요한 기사단의 49대 단장인 장 파리조 드 라 발레트 Jean Parisot de la Valette로부터 그 이름이 유래한다.

카페 코르디나
Caffe Cordina

ADD 244 Republic
WEB www.caffecordina.com

1837년에 문을 연, 발레타에서 가장 유서 깊은 카페. 간단한 식사도 가능하지만 달콤한 케이크와 파이로 인기가 높다. 화려하고 고풍스러운 카페 내부도 볼 만하다. 기사단장 궁전 앞 광장에 늘어선 야외석에 자리를 잡았다면, 오가는 사람들을 구경하는 쏠쏠한 재미를 느껴볼 것.

스리 시티즈
Three Cities

그랜드 하버를 사이에 두고 발레타와 마주하고 있는 세 개의 도시 비르구 Birgu(또는 비토리오사 Vittoriosa), 셍글레아 Senglea(또는 이슬라 L-Isla), 그리고 보르믈라Bormla(또는 코스피쿠아 Cospicua)를 묶어서 '스리 시티즈 Three Cities'로 통칭한다. 1530년 성 요한 기사단은 오스만 튀르크와의 싸움에 대비해 방어책을 구축하고자 작은 어촌마을에 불과했던 비르구와 셍글레아에 도시를 건설하고 요새를 쌓았다. 오스만과의 싸움에서 승리한 기사단은 1565년 두 도시 사이에 보르믈라를 건설해 성벽을 쌓아 올렸다. 스리 시티즈는 기사단이 철수한 후에도 영국 함대의 본거지로 발전해왔다. 세 개의 도시는 이제 치열했던 전쟁의 과거를 뒤로 하고 평화롭고 조용한 마을이 되어 몰타의 특별한 풍경을 자아내고 있다.

1 비르구 골목 탐험

건물부터 바닥까지 석회암으로 만들어진 비르구. 빈티지한 노란색의 좁은 골목을 걷다 보면 각기 다른 개성으로 꾸며진 테라스와 문패, 손잡이 같은 소소한 매력을 발견하게 된다. 지도는 잠시 접어두고 발길 가는 대로 걷기 좋은 곳.

2 요트 마리나에서 쉬어가기

비르구와 셍글레아 사이에는 눈이 휘둥그레지는 근사한 요트들이 죽 늘어선 마리나가 있다. 물가를 따라 걷거나, 탁 트인 전망을 따라 늘어선 카페와 레스토랑에서 잠시 쉬어가는 것도 좋다.

3 가르디올라 정원 Gardiola Gardens에서 전망 보기

셍글레아 반도 끝에 있는 작은 공원 가르디올라 정원은 스리 시티즈 최고의 전망을 자랑한다. 바다 쪽으로 돌출된 감시탑에 서면 그랜드 하버 건너편에 있는 발레타와 우측 비르구 반도 끝에 있는 성 안젤로 St. Angelo 요새를 한눈에 감상할 수 있다.

4 스리 시티즈 보트투어

배를 타고 스리 시티즈와 그랜드 하버, 슬리에마 항 등을 둘러볼 수 있는 투어 프로그램. 발레타와 슬리에마, 비르구 등지의 여행사에서 운영한다(업체가 여럿이다). 발레타 어퍼 바라카 가든과 보르믈라의 스리 시티 페리 터미널 사이를 오가는 페리(배 버스)는 보트투어를 대신할 수 있는 저렴한 방법이기도.

TRIVIA

골목을 수놓은 몰타의 전통 발코니

몰타의 거리를 걷다 보면 건물들 사이로 툭 튀어나온 전통식 발코니를 볼 수 있다. 비슷비슷하게 생긴 상앗빛 건물들 속에서 각기 다른 색으로 칠한 발코니는 집주인의 센스를 엿볼 수 있는 건축 요소다. 몰타의 전통 발코니는 아랍 문화의 영향으로 탄생했다. 한때 보수적인 아랍 문화의 영향으로 여자들의 외부 활동이 금지되자, 한 남자가 부인이 바깥 생활을 구경할 수 있도록 집 안에서 밖을 내다볼 수 있는 유리창과 공간을 만들어 줬다고 한다. 이것이 몰타 발코니의 유래다.

MARSAXLOKK
마르사실로크

이른 아침부터 떠들썩한 분위기에 절로 걸음이 빨라진다. 몰타 '최대' 전통시장이란 이름이 무색하게 한 시간이면 휙 둘러볼 수 있는 규모지만, 점점 목소리를 높이는 상인들과 시장을 찾은 사람들이 내뿜는 활기찬 기운은 여행자에게 충만한 에너지를 안긴다. 바람 타고 떠도는 고소한 냄새에 이끌려 해안가 식당에 자리를 잡는다. 바닥이 훤히 들여다보이는 수면 위에 화려한 빛깔의 전통 선박이 동동 떠 있다. 식사를 해치우고 정신을 차리니 이미 보트에 몸을 실은 뒤다. 안전을 위해 뱃머리에 그려 넣었다는, 반짝이는 눈동자에 이끌린 탓인가 보다. 바다 내음 가득한 훈풍에 몸과 마음을 내맡긴다. 한껏 나른해진다.

선데이 마켓
Sunday Market

위치 Xatt is-Sajjieda, 코스타 커피 Costa Coffee 매장 앞에서부터 시작된다.

매주 일요일 (8:00~15:00) 항구를 따라 빽빽하게 늘어선 노점상에서 갓 잡아 올린 싱싱한 해산물과 과일, 채소, 생활용품, 기념품 등을 판매한다(다른 곳보다 기념품이 저렴한 편!). 피크 시간은 9:00~11:00다. 해산물과 청과 코너는 정오가 지나면 파장하는 분위기지만, 잡화나 기념품 등을 판매하는 시장은 평일 늦은 오후에도 볼 수 있다.

세인트 피터스 풀
St. Peter's Pool

석회암으로 이루어진 해안 절벽이 파도와 바람에 둥글게 침식되고 마모되어 만들어진 천연 수영장. 몰타 최고의 다이빙 스폿으로 명성이 자자하다. 근처에 상점이나 화장실은 전혀 없는 야생 그 자체이므로 간식과 음료 등 필요한 물건은 챙겨가도록 하자. 마르사실로크에서 4km 거리로 비포장 구간이 많아 버스보다 자동차(10분)나 보트(마르사실로크 항구에서 협상 가능)가 편리하다. 사진처럼 바다에 입수하려면 한겨울은 피해야 한다.

GOING OUT

신비로운 푸른 창, 블루 그로토

블루 그로토란 '푸른 동굴'이라는 뜻이다. 몰타 섬 남쪽에 기암절벽을 파도가 뚫고 들어가 만든 해식동굴이다. 10명 내외로 탑승 가능한 작은 보트로 동굴을 둘러보는 투어에 참여할 수 있는데, 빛이 반사되어 다채로운 푸른색을 발산하는 바다의 비경을 엿볼 수 있다. 햇빛이 동굴 안쪽까지 들어가는 정오 전후에 방문하면 한층 더 신비로운 모습이 펼쳐진다. 여름철에는 스쿠버다이빙과 해수욕도 즐길 수 있다. 블루 그로토를 오가는 길엔 반드시 전망대에 들를 것. 가슴 벅차는 풍광을 기대해도 좋다. 거석 유적지인 하자르임과 임나드라, 천연수영장으로 알려진 '아랍시 Ghar Lapsi'와 인접해 있어 함께 방문하면 편리하다.

ADD Wied Hoxt, Il-Qrendi
WEB www.bluegrottomalta.com.mt

해산물
Seafood

항구를 따라 해산물 레스토랑이 늘어서 있다. 인근 바다에서 공수해 온 선도 높은 해산물을 재료로 요리한다. 예산과 취향에 맞게 고를 수 있도록 다양한 선택지를 마련한다. 단, 몇몇 레스토랑에서 경쟁적으로 내놓는 저렴한 가격의 '오늘의 메뉴 (3코스)'는 맛으로든, 양으로든 실망할 수 있으니 가급적 피하는 것이 좋다.

라 노스트라 패드로나 La Nostra Padrona

바다처럼 푸른색 문과 창을 가진 해산물 전문점. 항구를 따라 늘어선 레스토랑 중 하나로 바다를 바라보는 야외석을 갖추고 있다.

ADD 87, Xatt is-Sajjieda

타르타런 Tartarun

마켓 초입에 위치한 해산물 전문 레스토랑. 그날그날 갓 잡은 신선한 해산물로 늘 신선하고 풍성한 식탁을 완성한다. 단순한 조리법의 생새우 카르파초와 바다의 향을 품은 해산물 수프처럼 입맛을 돋우는 스타터가 돋보인다.

ADD 20 Xatt is-Sajjieda **WEB** www.tartarun.com

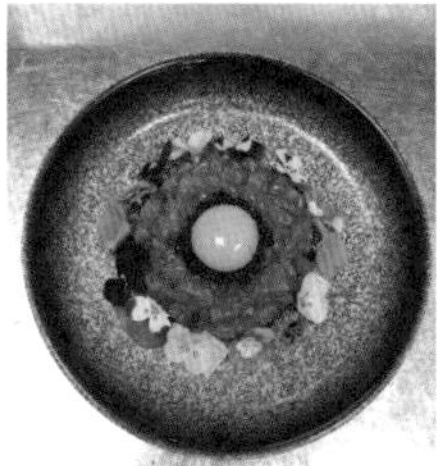

몰타에 남아 있는 인류의 흔적을 찾아서

성 요한 기사단과 아름다운 지중해로 대표되는 몰타에 그리스, 이집트, 메소포타미아를 포함한 지중해에서 가장 오래된 고고학 유적이 있다는 사실을 아는 이는 많지 않다. 현재까지 몰타에는 무려 30개의 거석 신전이 발견되었고, 이는 영국의 스톤헨지나 이집트의 피라미드보다 더 오래된 것으로 알려져 있다.

임나드라

하자르 임

타르시엔

1 하자르 임과 임나드라 Ħaġar Qim & Mnajdra [몰타 섬]

1839년에 발굴된 하자르 임과 임나드라는 BC 3600~3200년 사이에 만들어진 건물로, 종교적인 목적을 지닌 것이라 추정된다. 석회암을 벽돌로 만들어 쌓아 올린 형태로 기둥 없는 돔 형식의 지붕과 직사각형의 문을 만들고 태양이 떠오르는 방향에 맞춰 빛이 내부를 비추도록 설계했다. 두 신전은 약 500m 거리를 두고 자리하고 있으며 입구에 있는 작은 박물관에서 자세한 정보를 얻을 수 있다. 바다와 인접한 넓은 부지에 자리하고 있어 피크닉 삼아 방문하기 좋다.

위치 몰타 섬의 남서쪽 해변, 블루 그로토와 인접해 있다.

2 타르시엔 Tarxien [몰타 섬]

파올라 마을 중심에 있는 타르시엔 신전은 1914년에 발견된 곳으로 BC 2800년경에 세워졌다. 발굴된 거석 사원 중 가장 규모가 크고 화려한 벽 장식과 제단, 거대한 조각 등이 그대로 보존되어 있다. 유적 사이사이로 산책로 같은 길을 만들어 놓아 구석구석까지 자세하게 살펴볼 수 있다.

ADD Triq It Tempji Neolitici, Ħal Tarxien

3 할 사플리니 지하 묘역 (하이포게엄) Ħal Saflieni Hypogeum [몰타 섬]

BC 4000년에 형성된 지하 묘실로 청동기시대(BC 1500년)까지 사용했던 것으로 추정된다. 3개의 층, 38개의 방으로 구성되어 있으며 방을 포함한 통로와 아치 모두 수백 년 동안 거대한 바위를 파내어 만들었다. 아름다운 조각과 벽화가 남아 있다. 10명 이내의 가이드 투어로만 방문할 수 있어 예약은 필수이며 보안과 유적지 보호를 위해 사진촬영은 허락되지 않는다. 타르시엔 신전과 약 500m 거리에 인접해 있다.

ADD Triq Ic Cimiterju Raħal Ġdid PLA
WEB www.heritagemalta.org(티켓 예약)

4 주간티야 Ġgantija [고조 섬]

몰타어로 '거인의 탑'이란 뜻으로 BC 3600년~3200년에 세워진 세계에서 가장 오래된 건축물이다. 석회암으로 지어졌으며 내부는 두 개의 신전으로 나눠져 있다. 무심하게 쌓인 돌무더기처럼 보이지만 내부에는 비교적 잘 보존된 제단이 있다. 내부에서 발견된 유물은 빅토리아 고고학 박물관에 전시되어 있다. 고조 섬의 중심 빅토리아에서 동쪽으로 2km 거리에 위치한다.

ADD Triq John Otto Bayer, Ix-Xagħra

MDINA 음디나

영화 속에나 나올 법한 도개교를 건너 웅장한 성문을 통과한다. 상앗빛 벽돌로 쌓아 올린 묵직한 성벽이 모든 것을 차단한 듯, 성안엔 적막만이 감돈다. 절로 걸음걸음이 조심스러워진다. 높은 벽으로 둘러싸인 골목에는 고풍스러운 창과 빛 바랜 문으로 장식한 집들이 죽 늘어서 있다. 날아가는 화살과 적군의 말을 막기 위해 만들었다는 이 미로 같은 골목은 자동차 한 대가 간신히 지나갈 만큼 비좁다. 모퉁이를 돌면 작은 광장이 나타나는데, 귀여운 분수대가 생기를 불어넣는다. 멀리서 여행자들을 태운 마차의 경쾌한 말발굽 소리가 간신히 들려온다. 중세에 머문 듯 시간이 느리고 고요하게 흘러간다.

성 바울 대성당
St. Paul's Cathedral

ADD 2 Triq San Pawl
WEB www.metropolitanchapter.com

전설에 따르면, AD 60년 로마로 압송되던 사도 바울의 배가 난파되어 음디나 성벽 밖 도시 라바트에 기거하게 되었다. 그는 사람들에게 복음을 전하고 음디나의 수령 푸블리우스 Publius의 아버지를 포함한 환자들의 병을 치유하는 기적을 행했다(신약 사도행전 27~28장에 이 대목이 등장한다). 이후 몰타 최초 주교가 된 푸블리우스가 그의 궁전 자리에 이 성당을 세웠다고 전한다. 과거 이곳은 성모 마리아에 헌정된 성당의 터였는데, 9세기 이슬람 침략기에 파손되어 12세기 성 바울을 위한 대성당으로 재건축된 것이다. 오늘날의 건물은 1693년 대지진 후 바로크 양식으로 재건한 것이다. 마을의 중심인 성당 내부는 프레스코화와 묘비가 천장과 벽면, 바닥을 빼곡하게 채우고 있으며, 입구 옆으로 작은 박물관이 자리하고 있다.

폰타넬라 티 가든
Fontanella Tea Garden

ADD Triq Is Sur
WEB www.fontanellateagarden.com

2층 테라스 자리에서 내려다보는 아름다운 전망으로 여행자를 불러 모으는 카페다. 식사도 가능하나, 맛에 대한 평가는 영 좋지 않다. 달콤한 클래식 초콜릿 케이크에 커피 한 잔 곁들여 쉬어가기엔 더할 나위 없다.

음디나 글래스
Mdina Glass

ADD Triq Inguanez, L-Imdina
WEB www.mdinaglass.com.mt

50년의 역사를 가진 음디나 글래스는 몰타의 대표적인 유리 공예점이다. 수공예로 생산된 다양한 유리 공예품을 판매한다. 영롱한 빛깔의 시계와 접시, 액자 등을 구경하노라면 눈 깜짝할 새 지갑을 열게 될지도 모른다.

성밖 도시 라바트 탐험

음디나 성벽 남쪽에 펼쳐진 라바트 Rabat는 과거 서민들의 거주 지역으로, 웅장하고 화려한 음디나와 달리 소박하고 아기자기한 분위기를 풍긴다. 덕분에 한갓진 지역이었지만, 지하 묘지와 성당들, 좁은 골목을 수놓은 몰타식 발코니 그리고 저렴한 서민 식당의 매력이 알려지면서 여행자들의 발길을 모으기 시작했다.

성 바울 성당과 성 바울 그로토 Parish Church of St. Paul and Grotto of St.Paul

라바트에 난파된 사도 바울이 복음을 전하며 숨어 살았다고 전해지는 신비한 동굴 성 바울 그로토 St. Paul's Grotto. 그 위에는 1675년 세워진 성 바울 성당이 자리한다. 입장권 하나로 예배당과 성 바울 그로토, 카타콤의 일부 그리고 위그나쿠르 박물관 Wignacourt Museum을 모두 둘러볼 수 있다.

ADD 64 Triq Ir-Rebha

©Heritage Malta

카타콤 St. Paul's Catacombs

지하 10m 깊이에 위치한 몰타 최초, 최대의 지하 묘지로 바위를 잘라만든 거대한 미로 형태를 하고 있다. 로마시대(3세기)에 처음 만들어져 약 500년간 묘지로 사용되었고, 과거 그리스도교들이 로마의 기독교 박해를 피해 이곳에 숨어 살았다고 전해진다. 제2차 세계대전 공습 때 방공호로 사용되던 동굴들도 함께 관람할 수 있다.

ADD Hal-Bajjada

파스티치 Pastizzi

중동의 영향으로 탄생한 몰타 전통 음식. 리코타 치즈와 완두콩으로 만든 속을 겹겹이 싼 짭조름한 페이스트리. 바삭바삭한 겉과 부드러운 속이 조화로운 맛을 낸다.

크리스털 팰리스 Serkin Crystal Palace Bar

1유로를 밑도는 착한 가격으로 갓 구워낸 파스티치를 맛볼 수 있는 곳. 유명 셰프 제이미 올리버의 방문으로 널리 알려졌다. 동네 할아버지들의 사랑방 같은 곳으로, 사람 냄새 나는 따뜻한 공간이다.

ADD Triq San Pawl, Ir-Rabat

MELLIEHA

멜리에하

바위와 잡초가 가득한 평원과 사람의 손이 닿지 않은 비포장 도로가 불쑥 등장하니, 인기 휴양지라는 말이 다 무색하다. 구불구불한 도로를 달려 능선을 넘으면 아기자기한 마을과 시원하게 뻗은 백사장, 눈부신 해변이 한눈에 모습을 드러낸다. 지금까지 보아 온 도시와는 사뭇 다른 풍경이다. 추억의 옛날 과자 봉투에서나 보았던 캐릭터 포파이와 빛 바랜 세트장, 파라솔이 늘어선 해수욕장, 폐허가 된 건물 몇 개가 전부인 들쭉날쭉한 바위 언덕이 특별한 이유는 그림처럼 아름다운 바다가 함께하기 때문이다.

포파이 빌리지
Popeye Village

ADD Triq Tal-Prajjet, Il-Mellieħa
WEB www.popeyemalta.com

우리에게 '뽀빠이'라는 이름으로 익숙한 만화 《포파이 Popeye》(1919년 처음 연재된 포파이는 미키 마우스보다도 연장자다)의 1980년 판 실사 영화를 이곳에서 촬영했다. 시금치를 먹으면 힘이 세져 악당 블루토를 물리치는 주인공 역으로 로빈 윌리엄스가 분했고, 로버트 알트만이 메가폰을 잡았다. 촬영장을 테마파크로 개조해 운영하고 있으며, 바다와도 연결되어 물놀이도 함께 즐길 수 있다.

라스 일 아미흐
Ras il-Qammieħ

ADD Triq Tad-Dahar, Il-Mellieħa

몰타에서 가장 높은 곳으로, 언덕 꼭대기에는 폐허가 된 건물 몇 개가 전부다. 하지만 사방으로 탁 트인 시원한 전망을 보러 알음알음 찾아오는 여행자들이 많다. 다듬어지지 않은 독특한 지형과 발아래로 지중해, 몰타 섬과 코미노 섬, 고조 섬을 한눈에 굽어볼 수 있다.

TO DO

해변 산책

시원하게 뻗은 모래밭에 열 맞춰 늘어선 색색의 파라솔. 해수욕장의 전형적인 모습이지만, 대부분의 해변이 바위나 자갈로 이루어진 몰타에선 흔치 않은 풍경으로 다가온다. 멜리에하의 해변들은 다른 지역에 비해 넓은 모래밭과 여유로운 분위기를 품고 있어 쉬어가기에 좋다.

아디라 베이 Għadira Bay

몰타에서 가장 긴 모래밭을 가진 해변으로 '멜리에하 베이 Mellieha Bay'라고도 불린다. 가족 단위 여행객에게 인기가 높고 여름이면 윈드서핑, 카누, 워터스키 같은 수상 레포츠를 즐길 수 있다. 도로와 인접해 버스(버스 정류장 Ghadira역)로 편리하게 이동할 수 있다.

골든 베이 Golden Bay

아디라 베이의 반대쪽에 위치한 해변으로 육지 안쪽까지 깊숙이 들어간 만에 자리하고 있다. 파도가 잔잔하고 폭이 꽤 넓은 모래사장을 지닌다. 평온한 분위기, 아름다운 석양 덕에 호텔과 리조트, 카페 등 편의시설이 집중되어 있다. 해변을 품은 언덕을 따라 트레킹 코스가 갖춰져 있다.

FOOD & DRINK

해산물 요리 Seafood

이곳 역시 싱싱하고 맛 좋은 해산물을 즐기기 좋은 레스토랑이 늘어서 있다. 근사한 풍광, 짭조름한 바다 내음과 함께라면 풍미가 한층 살아난다.

먼치스 Munchies

아디라 베이 최고의 전망을 자랑하는 곳. 바다 위에 떠 있는 듯한 야외석과 아이들을 위한 놀이공간을 갖추고 있다. 지중해식 해산물 요리와 이탈리안 음식을 주로 내는데 화덕에서 구워 내는 피자가 특히 인기다.

ADD Triq il-Marfa, Ghadira **WEB** www.munchies.com.mt

오션 바스켓 Ocean Basket

부지바 Buggiba 지역에 위치한 해산물 레스토랑. 대형 프랜차이즈 식당답게 세련된 인테리어와 메뉴, 서비스를 선보인다. 신선한 굴, 초밥 & 롤, 해산물 플래터, 바삭바삭한 튀김 등을 맛볼 수 있는데 시원한 지중해의 전망이 더해져 늘 찾는 사람이 많다.

ADD Qawra Road, Qawra Saint Pauls Bay
WEB www.malta.oceanbasket.com

COMINO ISLAND 코미노 섬

코미노 섬에 다다르자 물빛이 확연히 달라진다. 난생처음 맞닥뜨리는 바다의 색채 앞에 감탄사가 절로 튀어 나온다. 바삭거리는 햇빛에 용기 낸 여행자들은 어느새 옷을 훌훌 벗어 던지고 비현실적인 물색의 바닷속으로 몸을 던진다. 발을 담그자 이불처럼 폭신한 흰 모래가 발바닥을 감싼다. 얼마 전까지 섬 전체를 들썩이게 만들었던 파라솔 부대와 푸드 트럭, 관광객들의 열기는 한 김 식은 채다. 변변한 식당, 편의시설 하나 없는 텅 빈 섬이지만 여행자의 얼굴엔 이상하리만큼 웃음꽃이 가득하다. 지구상의 모든 파랑을 흩뿌린 듯한 바다가 걱정과 근심일랑 앗아가 버린 것일 테다.

위치 몰타 섬 치르키와 Cirkewwa 항과 고조 섬 Mgarr항에서 코미노 섬으로 가는 작은 페리를 찾을 수 있다. 페리는 코미노 섬 동쪽 절벽에 있는 동굴들을 둘러보고 블루 라군 앞 선착장에 사람들을 내려놓는다(약 20분 소요). 페리 표는 왕복으로 판매하므로 돌아가는 표를 잘 보관해야 한다. 성수기에는 16:00 이후부터 코미노 섬을 빠져나가는 페리를 잡기 위해 경쟁이 치열해진다.

WEB 코미노행 페리 www.cominoferries.com

블루 라군
Blue Lagoon

현지인과 여행자의 사랑을 독차지하는 몰타 여행의 하이라이트. 코미노 섬의 서쪽에 있는 블루 라군은 무인도인 코미노토 섬과 긴 암벽으로 둘러싸여 호수처럼 잔잔한 수면을 자랑한다. 덕분에 물놀이를 즐기기에 최적의 조건을 갖추고 있다. 푸드 트럭과 파라솔, 선베드 등의 편의시설은 여름철에만 운영되므로 비성수기에는 간식은 물론 필요한 물건들을 개인적으로 준비해야 한다.

GOZO ISLAND 고조 섬

페리가 바다를 가르며 힘차게 질주한다. 몰타 섬을 출발하고 얼마 지나지 않았건만, 고조 섬이 손에 잡힐 듯 가까워졌다. 상륙하자마자 서쪽 해안을 향한다. 과연 소문처럼 28m의 상서로운 석회암 바위 '아주르 윈도Azure Window'는 영원히 사라져 버렸다. 자연의 힘을 거스르지 못하고 암석 상단이 무너져 내렸다는 내용의 표지판과 옛 사진만을 남긴 채다. 하지만 여전히 광활한 암반 위로 부딪쳐오는 바다와 검푸른 블루 홀은 신비롭고 몽환적인 풍광으로 사람들을 불러 모으고 있다. 협곡 사이에 숨어 있는 비밀스러운 해변과 로마시대부터 전해진 염전, 세워진 지 5,000 년을 훌쩍 넘긴 신전을 지나 고조 섬의 중심 빅토리아 시타델에 닿는다. 성채의 좁은 골목을 빠져 나오자 고조 섬의 전경이 눈앞에 펼쳐진다. 초록색 들판 위에 서 있는 상아색 건물들, 멀리 보이는 둥근 성당 지붕 위로 어느새 태양이 내려앉는다.

위치 치르키와 Cirkewwa 항구에서 페리로 25분 소요된다. 고조 섬 안을 연결하는 버스는 보통 1시간 간격으로 운행되는데 이마저도 잘 지켜지지 않는 경우가 많다. 때문에 여행자를 위한 투어 버스 '홉온 & 홉오프Hop-on & Hop-off'나 일일 투어, 렌터카의 인기가 높은 편이다. 고조 섬은 몰타 섬 사람들에게도 인기 있는 주말 여행지라 늘 페리 터미널 주변부터 교통 정체가 심해진다. 주말에 방문(특히 렌터카와 함께)하고자 한다면 가급적 이른 시간의 페리에 탑승하는 것이 좋다.

시타델
Citadella

위치 Victoria

빅토리아 시내 중심, 평평한 언덕 마루에 자리한 요새. 청동기 직후부터 존재했다고 전해진다. 페키니아를 거쳐 로마 제국의 도시로 발전했고, 15세기 이슬람과 해적의 공격을 방어하기 위해 성벽이 세워졌다. 1551년 튀르크족 습격 당시 마을 주민들의 피난처가 되었으나 무력으로 성을 함락한 이슬람군은 성으로 피난한 주민을 모두 노예로 끌고 갔다(성채 바깥에 이 사건을 기억하기 위한 조형물이 있다). 내부에는 성 마리아 성당과 고고학 박물관을 비롯한 3개의 박물관(감옥 박물관, 역사 박물관, 자연사 박물관), 방문자 센터 등이 자리하고 있다. 아름다운 고조 섬의 경관을 즐길 수 있는 장소로 해질녘에 특히 아름답다.

아주르 윈도
Azure Window

위치 San Lawrenz, Malta

2017년 3월, 상단이 무너져 더 이상 볼 수 없게 된 창문 형태의 바위. 하지만 천연 수영장 블루 홀 Blue Hole과 인랜드 시 Inland Sea 보트 투어로 여전히 아름다운 풍경을 만나고자 하는 방문객들의 행렬이 이어진다. 아주르 윈도란 '파란 창'이란 뜻으로, 창문을 연상시키는 거대한 암석 사이로 보이는 풍경 때문에 이런 이름이 붙여졌다. 수천 년의 바람과 파도의 침식 작용으로 만들어진 이 자연물은 그 동안 고조 섬을 대표하는 풍경으로 자리매김해 왔다. 최근에는 섬의 북쪽에 자리한 '위에드 일미엘라 Wied il Mielah'가 새로운 '창문'으로 이름을 알리고 있다.

타피누 성당
Basilica of the National Shrine of the Blessed Virgin of Ta' Pinu

ADD 40 George Borg Olivier St

1833년 근처를 지나다니던 농부가 성모의 목소리를 들은 뒤 사람들의 병을 치료하게 되었다 하여 '기적의 교회'라 불린다. 정확한 기원은 전해지지 않지만 16세기에도 작은 예배당이 존재했던 것으로 전해진다. 지금의 건물은 1920년대에 만들어졌다. 소원의 편지를 남기는 방문자들이 유독 많은데, 이곳에서 뭐든 간절히 기도하면 이루어진다고 알려졌기 때문이다.

TO DO

해변 산책

고조 섬에는 해안선을 따라 구석구석에 보석처럼 아름다운 해변이 숨겨져 있다. 단, 해변에 닿기까지 험난한(!) 트레킹을 요하는 곳이 많으므로 유의해야 한다. 몰타 섬에 비해 한여름에도 여유로움을 만끽할 수 있는 것이 이곳 해변의 장점이다.

슬렌디 베이 Xlendi Bay

고조 섬에서 가장 아름다운 항구. 호텔과 아파트, 아름다운 산책로까지 갖춰져 있고 해변을 따라 레스토랑이 밀집되어 있어 로맨틱한 식사를 즐기기 좋다.

슬렌디 베이

람라 비치

람라 비치 Ramla Beach

붉은 모래밭이 인상적인 해변으로, 깨끗하고 접근성이 좋아 가족 단위 여행객에게 인기가 좋다. 해변의 동쪽 언덕에 위치한 탈 믹스타 Tal_Mixta 동굴은 람라 비치가 한눈에 내려다보이는 근사한 사진 포인트다.

아스리 협곡 Wied il- Għasri

가파른 협곡 안쪽으로 바닷물이 흘러 오면서 생성된 비밀의 해변. 가파른 내리막길을 통해 접근해야 하지만 수심이 얕고 잔잔해 스노클링을 즐기기 좋다.

지적 여행자를 위한 준비물

MUSIC / ARTIST / BOOK / FILM

MUSIC

여행을 위한 사운드트랙

스페인

하바네라
Habanera

《카르멘 Carmen》
조르주 비제 Georges Bizet

'사랑은 한 마리 자유로운 새, 그 누구도 길들일 수 없어 L'Amour est un oiseau rebelle Que nul ne peut apprivoiser' 오페라에 문외한이더라도, 《카르멘》에서 가장 유명한 아리아 <하바네라>의 농염한 첫 소절을 듣는다면 주인공 카르멘과 사랑에 빠지지 않을 수 없을 것이다. 분방한 집시 여인 카르멘과 그에게 매료된 청년 돈 호세, 그리고 투우사 에스카미요의 치정을 그린 이 오페라는 1873년, 조르주 비제 Georges Bizet가 파리의 오페라 코미크 Opera Comique 극장에서 열리는 연말 공연을 위해 만든 작품이다. 안달루시아의 세비야는 이 오페라의 주무대다. 작품에 등장하는 1820년대의 담배공장과 투우장, 거리와 골목, 광장 등을 그대로 보존해 카르멘을 사랑하는 여행자들의 발길을 끌어당기고 있다.

나는야 이 거리의 만물박사
Largo al caftotum della citta

《세비야의 이발사 Il Barbiere di Siviglia》
조아키노 안토니오 로시니 Gioacchino Antonio Rossini

로시니의 우아하고도 유쾌한 오페라 《세비야의 이발사》는 프랑스 극작가 피에르 드 보마르셰 Pierre de Beaumarchais가 쓴 '피가로 3부작'의 제 1편을 기반으로 만들어진 작품이다. 주인공 피가로의 직업은 이발사로, 지체 높은 귀족들도 그 앞에서는 모자를 벗고 머리를 조아려야 한다. 이 풍자적인 설정과 이야기는 프랑스 혁명(1789년)의 기운이 움트던 시기와 맞물려 유럽 사람들에게 큰 호응과 갈채를 얻었다. 피가로가 자신의 재주를 뽐내며 목청껏 노래하는 <나는야 이 거리의 만물박사>는 희극적인 분위기를 한껏 돋우며 오페라 부파Opera Buffa(이탈리아어로 쓰인 희극적인 오페라)의 전형을 보여준다.

저녁 바람이 부드럽게
Che soave Zeffiretto

《피가로의 결혼 Le Nozze Di Figaro》
볼프강 아마데우스 모차르트 Wolfgang Amadeus Mozart

영화 《쇼생크 탈출》에서 수감자들에게 선물처럼 주어졌던 클래식 음악을 기억하는지. 이 곡은 앞서 언급한 '피가로 3부작' 중 제 2편을 토대로 모차르트가 만든 오페라 《피가로의 결혼》에 등장하는 아리아다. 스페인 세비야의 한 마을에 있는 알마비바 백작의 성을 무대로 일어나는 소동을 그리는데, 이번에도 주인공은 이발사를 그만두고 하인으로 재취업(!)에 성공한 피가로다. 백작의 시녀인 수산나는 피가로와 사랑에 빠졌지만, 백작으로부터 추근거림을 당한다. 다행히 꾀 많은 두 연인은 빛나는 기지로 상황을 헤쳐 나가고, 백작의 바람기를 만방에 고발한다. '편지의 이중창'이라는 제목으로도 널리 알려진 <저녁 바람이 부드럽게>는 오보에와 바순의 평화로운 연주에 맞춰 수산나와 백작 부인이 부르는 노래다.

벨기에

아돌프 색스
Adolphe Sax, 1814~1894

색소폰의 아버지. 벨기에의 디낭에서 악기 제조업자인 샤를 조지프 색스의 아들로 태어났고, 브뤼셀으로 건너가 플루트와 클라리넷을 공부했다. 음악적 DNA와 영감을 타고난 색스는 관악기 고유의 음색이 공기가 관을 통과하면서 발생하는 진동으로 만들어진다는 사실을 자연스레 터득했고, 이는 곧 색소폰의 발명으로 이어진다. 색소폰에 대한 흥미로운 사실 하나. 몸체가 금관으로 이뤄진 색소폰은 목관악기로 분류된다. 클라리넷처럼 싱글리드를 사용하고, 음공을 개폐하는 방식으로 음을 내기 때문이다. 여러 관악기의 장점을 취해 만들어진 색소폰은 오늘날까지 많은 이들에게 사랑 받는 악기로 자리매김하고 있지만, 발명 당시 색스는 기성 악기 제조자들로부터 거센 비난을 받았고 특허권 분쟁에 시달려야 했다.

크로아티아

바이올린 소나타 D단조, 악마의 트릴로

주세페 타르티니 Giuseppe Tartini

꿈에서 악마를 만나 자신의 혼을 팔고, 그로부터 악상을 얻어 만들었다는 전설적인 곡이다. 힘있고 리드미컬한 속주가 귀를 사로잡는다. 작곡가는 베네치아 공화국 이스트리아 반도(현재 슬로베니아 피란) 출신의 주세페 타르티니다. 파도바 대학에서 법학을 공부했고, 한때 아시시의 수도원에서 기거하며 작품 활동을 했던 그는 작곡과 바이올린 연주법의 연구에 깊이 몰두했다. 그러고는 바이올린 소나타 《악마의 트릴로》를 작곡하기에 이른다. 훗날 그는 파도바의 산안토니오 예배당의 수석 바이올린 연주자에 올랐고, 150곡의 협주곡과 100곡의 바이올린 소나타를 썼으며, 바이올린 학교를 세워 후학을 길러내기도 했다. 타르티니의 음악은 어쩐지 피란 앞바다의 다이내믹한 파도와 닮았다.

ARTIST

여행에 영감을 주는 아티스트

스페인

벨라스케스
Velázquez, 1599~1660

미술사에서 가장 영향력 있는 작품을 거론해야 한다면, 벨라스케스의 《시녀들 Las Meninas》이 첫손에 꼽히지 않을까? 스페인 왕실의 궁정화가로, 17세기 바로크를 대표하는 아티스트로 손꼽히는 디에고 로드리게스 데 실바 이 벨라스케스 Diego Rodríguez de Silva y Velázquez는 빛과 색을 통해 화법의 혁신을 이룩했다. 세비야에서 태어난 그는 서명을 해야 할 때면, '세비야인'이라는 뜻의 라틴어 '이스팔렌시스 Hispalensis'를 적어 넣곤 했다. 《시녀들》을 비롯한 벨라스케스의 작품 대부분은 수도인 마드리드의 프라도 미술관 Museo Nacional del Prado이 소장하고 있지만, 세비야 구시가지에 자리한 주립미술관 Museo de Bellas Artes de Seville에서도 '세비야 학파'로 구획된 그의 자취를 엿볼 수 있다.

파블로 피카소
Pablo Picasso, 1881~1973

안달루시아의 항구도시 말라가는 20세기 최고의 화가, 파블로 피카소를 낳았다. 피카소는 미술교사인 아버지 덕분에 말을 배우기 시작할 무렵부터 그림을 그리기 시작했다. 19세가 되던 해에는 당대 예술계의 구심점이었던 파리로 건너가 모네, 르누아르, 피사로가 펼쳤던 인상주의와 고갱의 원시주의, 고흐의 표현주의로부터 영향을 받으며 작가로서의 기반을 닦았다. 이후 약관의 나이에 연 첫 전시회가 크게 주목 받은 데 이어, 입체주의의 시금석이 된 작품 《아비뇽의 여인들》을 발표하며 그 자체로 하나의 사조가 된다. 스페인 내전의 참상을 그린 《게르니카》로 대가의 반열에 올랐지만, 그는 전쟁의 충격으로 조국을 떠나고 만다. 고향인 말라가에서는 피카소 미술관 Museo Picasso Málaga과 피카소 생가 박물관 Museo Casa Natal de Picasso 두 곳에서 그의 생애와 예술혼을 기리고 있다.

벨기에

페테르 파울 루벤스
Pieter Paul Rubens, 1577~1640

동화 《플랜더스의 개 A Dog of Flanders》에서 화가를 꿈꾸는 소년 넬로가 영원한 벗 파트라슈와 함께 숨을 거둔 곳은 바로 벨기에 안트베르펜 대성당에 자리한 제단화 《십자가에서 내려지는 예수 Descente de Croix》 앞이었다. 넬로의 안타까운 삶과 달리, 이 작품을 그린 루벤스의 생애는 내내 영예롭고 위풍당당했다. 독일 지겐에서 태어난 루벤스는 어머니의 고향인 안트베르펜에서 유년을 보내며 그림을 그리기 시작했다. 21세의 나이에 안트베르펜 화가조합에 등록했고, 23세부터 이탈리아에서 활동하며 재능을 꽃피운 그는 다시 안트베르펜으로 돌아와 이사벨라와 알베르토 대공의 궁정화가로 우뚝 선다. 밝게 빛나는 듯한 색채와 장쾌한 구성을 선보여 유럽 각지의 왕실에서 사랑 받았고, 남유럽과 북유럽의 미술 전통을 가로지르며 독자적인 작품 세계를 공고히 했다.

앤 드묄미스터
Ann Demeulemeester, 1959~

안트베르펜 왕립예술학교는 우리의 의생활에 신선한 활력을 불어넣은 교육기관이다. 어째서냐고? 일명 '앤트워프 식스 Antwerp Six'라 불리는 디자이너 여섯을 배출해 이국적이면서도 해체적이고, 실용적이면서도 아방가르드한 의복 디자인의 신세계를 구축했기 때문이다. 앤 드묄미스터는 그중에서도 각별히 호명되는 이름이다. 그는 전통적 성차를 허문 '앤드로지너스 룩 androgynous look(기존의 남성성과 여성성을 해체한 중성적인 옷차림)'으로 주목 받은 여성 디자이너다. 자연스러운 주름과 타이트한 테일러링, 올 풀린 밑단이나 비스듬한 여밈 등의 요소를 활용해 비대칭과 비정형의 미감을 선보였고, 이로써 큰 반향을 일으켰다. 드묄미스터의 정수를 만나고 싶다면 안트베르펜 왕립미술관 옆에 있는 앤 드묄미스터 스토어 Ann Demeulemeester Store를 찾아 볼 것.

르네 마그리트
René Magritte, 1898~1967

파이프를 그려놓고는 '이것은 파이프가 아니다 Ceci n'est pas une pipe'라고 도발한(작품 제목은 《이미지의 반역 La trahison des images》이다) 초현실주의 아티스트. 일상적인 사물을 낯선 환경으로 추방해 독특한 관계와 상황을 연출하는 기법인 '데페이즈망 dépaysement(프랑스어로 '추방하는 것'이란 뜻이다)'의 대표적인 기수다. 이를테면 어둑한 수평선 위에 날아오르는 새의 형상으로 푸른 하늘을 그려놓고는 《위대한 가족 La grande famille》이라 이름 붙이며 시치미를 떼는 게 그의 특기다. 이미지, 언어, 관념을 전복하고 '배신'하는 그의 작품 세계는 미셸 푸코를 비롯한 여러 철학자들에게 학문의 단초를 제공하기도 했다.

네덜란드

빈센트 반 고흐
Vincent van Gogh, 1853~1890

살아서 꿈틀거리는 듯한 강렬한 붓터치와 선명한 색채로 네덜란드 미술의 독창성을 대표하는 작가 빈센트 반 고흐. 그의 작품을 감상하기 위해 네덜란드를 여행하는 이들이 적지 않을 정도로 지금은 전 세계가 그의 작품을 높이 평가하지만, 생전 단 한 점의 작품도 팔아본 적이 없는 비운의 화가였다. 목사의 아들로 태어나 성직자의 길을 갈망했으나 광신도적 기질과 격정적인 성격으로 인해 교회로부터 받아들여지지 못했다. 빈번한 정신질환과 가난의 고통과 싸우며 자신을 구원하기 위해 그림을 그리기 시작한 고흐는 37세의 나이에 권총 자살로 생을 마감하는 그날까지 그림에 몰두한다. 짧은 생애지만 고흐는 드로잉과 스케치를 포함해 2,000여점의 작품을 남겼고, 대부분의 유명한 작품들은 그의 생애 마지막 2년 동안 그려졌다. 네덜란드에 있는 반 고흐 박물관(암스테르담)과 크뢸러 뮐러 미술관(호허 펠뤼버 국립공원)에서 고흐의 다양한 작품들과 그의 불꽃같은 생애를 만날 수 있다.

BOOK

여행의 길잡이가 될 책

벨기에

플랜더스의 개
A Dog of Flanders

위다 Ouida

'위다'라는 필명으로 여러 편의 낭만적인 이야기를 써내려 간 작가, 매리 루이즈 드 라 라메Marie Louise de la Ramée가 남긴 아동 문학이다. 우리에게는 일본 후지TV에서 방영했던 애니메이션으로 조금 더 익숙하다. 플랑드르 지방(플랜더스는 플랑드르의 영어식 표현이다)의 아름다운 산천을 무대로 주인공 넬로, 알루아, 그리고 넬로의 반려견 파트라슈의 애틋한 우정이 그려진다. 넬로는 우유를 배달하며 생계를 이어가는 가난한 시골 소년이지만, 마음 한편에는 루벤스처럼 위대한 화가가 되겠다는 꿈을 품고 있다. 앞서 루벤스의 작품 《십자가에서 내려지는 예수Descente de Croix》를 설명하면서 언급했듯, 네로와 파트라슈는 짧고 가련한 삶을 다 하고는 세상을 떠난다.

개구쟁이 스머프
The Smurfs

페요 Peyo

애니메이션 《플랜더스의 개》가 우리에게 더 익숙하듯, 미국 해나 바베라에서 1981년에 제작한 텔레비전용 애니메이션 시리즈로 잘 알려진 《개구쟁이 스머프》는 벨기에 출신 작가 페요의 만화책을 원작으로 둔다. 스머프는 깊은 숲속에서 자신들만의 평화로운 마을을 꾸리고 살아가는 요정 집단이다. 파파스머프를 정신적 지주로 삼고, 악한 마법사 가가멜에 대항해 마을을 지켜 나가는 이야기를 그린다. 익살이, 스머페트, 똘똘이, 투덜이, 허영이 등 우리 사회 속 인간 군상을 그대로 투영한 입체적인 캐릭터들이 서사에 활기를 불어 넣는다. 스머프 마을이 폐쇄적인 공산주의, 혹은 사회주의 체제의 은유라고 분석하는 사람들도 있지만 원작자 페요는 '오직 아이들의 즐거움만을 위해 만들어진 작품'이라 못 박은 바 있다.

땡땡의 모험
Les Aventures de Tintin

에르제 Hergé

땡땡 Tintin은 1929년 벨기에의 소년 문예지 <르 프티 벵티엠 Le Petit Vingtliéme>에서 처음 등장한 이래 오늘날까지 큰 사랑을 받고 있다. '미국에 미키마우스가 있다면, 유럽엔 땡땡이 있다'고 할 만큼 독보적인 캐릭터인 땡땡은 프리랜서 기자로 지구를 누비며 반려견 밀루와 함께 사건·사고를 해결해 나간다. 출간된 24권의 시리즈는 전 세계 60개국에서 3억 부 이상 팔리는 기염을 토했고, 땡땡 탄생 75주년에는 기념 주화를 발행했으며, 브뤼셀 항공에서는 비행기를 땡땡으로 래핑하는 등 여전히 대단한 인기를 누리고 있다. 2019년은 땡땡이 탄생 90주년을 맞는 해였다.

네덜란드

안네의 일기
Het Achterhuis

안네 프랑크 Anne Frank

1942년 6월 12일, 13번째 생일을 맞은 소녀 안네 프랑크는 선물 받은 노트에 일기를 쓰기 시작한다. 당시 안네와 그 유대인 가족은 독일군 점령하의 암스테르담에서 살고 있었다. 안네의 일기는 나치를 피해 아버지 오토의 사무실 뒤곁의 방에서 기거하던 안네가 1944년 8월 폴란드의 아우슈비츠 수용소에 끌려가기 전까지 쓴 것으로, 훗날 가족 중 유일한 생존자였던 아버지에 의해 출간되어 세상 빛을 봤다. 안네는 일기장에 '키티'라는 사랑스러운 이름을 붙여 두고는, 자신의 하루 일과부터 내밀한 어둠까지 올올이 고백하듯 써내려 간다. 성숙한 문학 정신과 아이다운 낙관, 역경을 이겨내려는 인간의 숭고한 정신성이 한데 깃든 이 글줄들은 가슴 뭉클한 감동을 안긴다.

스페인 & 슬로베니아

어니스트 헤밍웨이
Ernest Hemingway, 1899~1961

헤밍웨이는 미국 현대 문학을 대표하는 작가지만, 오랜 세월 지구 곳곳을 누비며 자신의 문학적 영토를 넓혀 왔다. 1920년대에는 특파원으로 파리에 머물며 당대의 지성들과 교유를 나눴고, 이후에는 유럽 곳곳을 전전하며 방랑하는 삶을 이어갔다. 그는 스페인 내전에 특파원으로 참전하기도 했는데, 이때의 경험을 바탕으로 《누구를 위하여 종은 울리나 For Whom the Bell Tolls》를 구상하고 써내려 갔다. 안달루시아 론다 지역의 깎아지를 듯한 협곡을 배경으로 한 이 작품 덕에 이곳 산책로는 '헤밍웨이의 길'이라는 이름을 얻었다. 한편 그는 슬로베니아의 트리글라브 국립공원부터 이탈리아 국경까지 장쾌하게 펼쳐진 소차 계곡을 무대로 제2차 세계대전을 그린 《무기여 잘 있거라 A Farewell to Arms》를 쓰기도 했다. 이때 트리글라브의 장엄한 풍광은 전쟁의 참상에 숙연함을 더한다.

FILM

떠나기 전 봐야 할 영화 & 드라마

네덜란드

《노킹 온 헤븐스 도어 Knockin' On Heaven's Door》

마지막 장면이 이야기의 모든 흠결을 덮어버리는 영화가 있다. 《노킹 온 헤븐스 도어》도 그런 작품 중 하나다. 뇌종양과 골수암에 걸려 시한부를 선고 받은 두 환자, 마틴과 루디는 병실에서 만난 사이다. 둘은 생애 한 번도 보지 못했던 바다를 찾아 떠나기로 결심한다. 100만 달러가 실린 벤츠 자동차를 훔쳐 달아난 그들은 결국 영화의 끄트머리에 닿아서야 바다를 만나고, 그곳에서 끝내 두 사람은 천국의 문을 두드린다. 이때 흘러나오는 노래가 바로 그 유명한 《노킹 온 헤븐스 도어 Knockin' On Heaven's Door》다. 숨을 거두어 가는 둘 앞에 밀려오는 검푸른 파도는 네덜란드의 작은 바다 마을, 텍셀 앞바다의 것이다. 영화에는 밥 딜런의 원곡이 아니라 독일 그룹 젤리그 Selig가 부른 버전이 삽입됐다.

슬로베니아

《디어 마이 프렌즈》

번역 작가로 일하는 주인공 완(고현정 扮)은 옛 애인 연하(조인성 扮)를 찾아 그가 거주하고 있는 슬로베니아로 향하는데, 이때부터 드라마는 본격 슬로베니아 관광 홍보 영상으로 탈바꿈한다. 피란의 반짝이는 해변부터 사랑스러운 도시 류블랴나(류블랴나 Ljubljana라는 지명은 '사랑하는 사람'이라는 뜻의 슬라브어에서 유래한다)까지, 싱그러운 풍광을 디오라마처럼 한데 눌러 담은 이 드라마를 통해 슬로베니아에 대한 국내 여행자들의 관심이 폭발적으로 높아졌다. 중세 시대의 고풍스러운 모습을 그대로 간직한 도시의 골목길, 에메랄드 색으로 빛나는 호수와 바다를 마주할 때마다 당장이라도 떠나고 싶은 충동을 참기 힘들다.

크로아티아

《맘마미아!2 Mamma Mia!2》

배우 콜린 퍼스가 '지금까지 머물렀던 촬영지 중 단연 가장 아름답다'고 손꼽은 곳은 바로 크로아티아 달마티아 지역의 작은 섬, 비스 Vis다. 크로아티아 내륙으로부터 가장 먼 섬으로 꼽히는 이곳은 1950년대부터 약 30년이 흐르는 세월 동안 유고슬라비아 군의 주둔지로 쓰였다. 덕분에 섬은 태고의 자연을 보존할 수 있었고, 《맘마미아2》의 주무대로 등장하며 그 아름다움을 만방에 드날렸다. 속편인 이 작품은 주인공 도나의 젊은 날과 그 딸 소피의 평행우주 같은 오묘한 운명을 그린다. 영화의 하이라이트인 '댄싱 퀸 Dancing Queen' 퍼포먼스가 펼쳐지는 곳은 바로 발자츠 만 Barjaci Bay이다. 곱게 빛 바랜 낡은 건물과 흰 요트가 죽 늘어선 항구의 풍경은 두 모녀의 사랑만큼이나 오붓하고 정답다.

《왕좌의 게임 Game Of Thrones》

방대하고도 치밀한 세계관으로 수많은 팬을 거느린 인기 드라마. 미국 HBO에서 2011년부터 2019년까지 총 8개의 시즌을 방영했다. 웨스테로스 대륙에 속하는 7개 왕국의 연합 국가에서 최고 권력인 '철왕좌'를 두고 스타크, 라니스터, 타가리옌의 3개 가문이 치열한 투쟁을 벌인다. 달마티아의 보석, 두브로브니크는 이야기의 구심점이자 7개 왕국의 수도인 킹스랜딩의 실제 촬영지다. 짙푸른 아드리아해를 따라 늘어선 고아한 성벽, 주홍색 지붕으로 빛나는 구시가지, 그리고 디오클레시안 궁전의 고풍스러운 기둥과 아치가 드라마 속 장면과 어떻게 미묘하게 다른지 비교해 가며 보는 재미도 꽤 쏠쏠하다.

INDEX

ATTRACTION

FOOD&DRINK

TO DO

나의 유럽식 휴가

발행일 | 초판 1쇄 2020년 1월 8일

지은이 | 오빛나

발행인 | 이상언
제작총괄 | 이정아
편집장 | 손혜린
책임편집 | 강은주
디자인 | onmypaper 정해진

발행처 | 중앙일보플러스(주)
주소 | (04517) 서울시 중구 통일로 86 바비엥3 4층
등록 | 2008년 1월 25일 제2014-000178호
판매 | 1588-0950
제작 | (02) 6416-3892
홈페이지 | jbooks.joins.com
네이버 포스트 | post.naver.com/joongangbooks

ISBN 978-89-278-1083-4 13980

중앙북스는 중앙일보플러스(주)의 단행본 출판 브랜드입니다.